供电企业营销岗位工作手册

业扩报装

国网河南省电力公司　编

U0247954

中国电力出版社
CHINA ELECTRIC POWER PRESS

内 容 提 要

为便于电力营销人员及时掌握营销业务流程、岗位职责、服务标准等的相关要求，规范、高效地开展营销工作，国网河南省电力公司组织相关人员编写了《供电企业营销岗位工作手册》系列丛书。本书是业扩报装分册，讲解了业扩报装工作的专业管理要求、服务规范、典型业务流程、作业风险控制、管理红线等内容，并辅以图示、图例，最后以典型问答形式解答了工作中常遇到的一些问题。

本书可供供电企业营销岗位工作人员学习使用。

图书在版编目（CIP）数据

业扩报装/国网河南省电力公司编. —北京：中国电力出版社，2016.7

（供电企业营销岗位工作手册）

ISBN 978-7-5123-9226-7

Ⅰ.①业… Ⅱ.①国… Ⅲ.①电力系统-用电管理-岗位培训-教材 Ⅳ.①TM73-62

中国版本图书馆 CIP 数据核字（2016）第 080981 号

中国电力出版社出版、发行

（北京市东城区北京站西街 19 号 100005 http://www.cepp.sgcc.com.cn）

三河市航远印刷有限公司印刷

*

2016 年 7 月第一版 2016 年 7 月北京第一次印刷

850 毫米×1168 毫米 32 开本 3 印张 58 千字

定价 **10.00** 元

前　言

随着国家电网公司"三集五大"体系全面建成，以客户为中心的电力市场体系日益完善，集约化、精益化管理对电力营销人员的业务技能提出了新的更高要求。为便于电力营销人员及时掌握国家电网公司通用制度以及营销业务流程、岗位职责、服务标准等的相关要求，不断提高业务素质，规范、高效地开展营销工作，国网河南省电力公司组织相关人员，编写了《供电企业营销岗位工作手册》系列丛书。

本书为业扩报装分册，以《国家电网公司营销通用制度》、《国家电网公司业扩供电方案编制导则》、《供电营业规则》、《国家电网公司关于简化业扩手续提高办电效率深化为民服务的工作意见》（国家电网营销〔2014〕1049号）、《国家电网公司关于进一步精简业扩手续、提高办电效率的工作意见》（国家电网营销〔2015〕70号）、《分布式电源接入配电网设计规范》（国家电网企管〔2014〕365号）等为依据，从业扩报装一线工作实际出发，本着"易学、易懂、精炼、实用"的原则，阐述了业扩报装工作的专业管理要求、服务规范、典型业务流程、作业风险控制、管理红线等内容，并辅以图示、图例等，最后以典型问答的形式，解答了工作中常遇到的一些问题。本书内容直观生动，具有较强的实际指导意义，可使员工快速掌握工作要点、服务标准、规范口径，做到工作质量达标、规章令行禁止、应对稳妥有节。

在本书编写过程中，各地（市）供电公司多位常年从事电力营销的专家、专业技术人员和工作一线的员工倾注了心血，贡献了智慧，在此表示衷心的感谢！

由于编写时间仓促，编者水平和经验有限，其中疏漏和不妥之处，恳请广大读者批评指正。

编　者
2016 年 5 月

目　录

1 专业管理要求

1.1 业务办理

1.1.1 业务受理基本要求

1.1.1.1 同城异地受理

推广低压居民客户申请免填单，实现同一地区可跨营业厅受理办电申请。

1.1.1.2 一证受理

实行营业厅"一证受理"，在收到客户用电主体资格证明并签署"承诺书"后，正式受理用电申请，现场勘查时收资。

1.1.1.3 收资清单

（1）普通用电客户收资清单如表 1-1 所示。

表 1-1 普通用电客户收资清单

客户类型	收资清单
低压居民客户	（1）客户有效身份证明（包括身份证、军人证、护照、户口簿或公安机关户籍证明，下同）； （2）房屋产权证明（复印件）或其他证明文书（包括房管部门、村委会等有权部门出具的房屋所有权证明，下同）
低压非居民客户	（1）报装申请单； （2）客户有效身份证明（包括营业执照或组织机构代码证）； （3）房屋产权证明（复印件）或其他证明文书

续表

客户类型	收资清单
高压客户	（1）报装申请单； （2）客户用电主体证明（包括营业执照或组织机构代码证）； （3）项目批复（核准、备案）文件； （4）房屋产权证明或土地权属证明文件。对于重要、"两高"（高污染、高耗能企业）及其他特殊客户，按照国家要求，加验环评报告等证照资料

（2）分布式电源客户收资清单如表1-2所示。

表 1-2　　　　　　　　分布式电源客户收资清单

客户类型	收资清单
自然人客户	（1）报装申请单； （2）客户有效身份证明； （3）房屋产权证明（复印件）或其他证明文书； （4）物业出具同意建设分布式电源的证明材料
法人客户	（1）报装申请单； （2）客户有效身份证明（包括营业执照、组织机构代码证和税务登记证）； （3）土地合法性支持性文件； （4）发电项目前期工作及接入系统设计所需资料； （5）政府主管部门同意项目开展前期工作的批复（需核准项目）

（3）充换电设施报装客户收资清单如表1-3所示。

表 1-3　　　　　　　　充换电设施报装客户收资清单

客户类型	收资清单
低压客户	（1）客户有效身份证明； （2）固定车位产权证明或产权单位许可证明； （3）物业出具同意使用充换电设施的证明材料
高压客户	（1）报装申请单； （2）客户有效身份证明（包括营业执照或组织机构代码证）； （3）固定车位产权证明或产权单位许可证明

1.1.2 现场勘查要求

1.1.2.1 "一岗制"作业

低压客户实行勘查装表"一岗制"作业,具备直接装表条件的,勘查确定供电方案后当场装表接电;不具备直接装表条件的,现场勘查时答复供电方案,由勘查人员同步提供设计简图和施工要求,根据与客户约定时间或电网配套工程竣工当日装表接电。

1.1.2.2 "联合勘查、一次办结"制

高压客户实行"联合勘查、一次办结"制,营销部(客户服务中心)负责组织相关专业人员共同完成现场勘查。

1.2 方案编制

1.2.1 供电方案的主要内容

供电方案包含客户用电申请概况、接入系统方案、受电系统方案、计量计费方案、其他事项五部分内容。

(1)用电申请概况,包括户名、用电地址、用电容量、行业分类、负荷特性及分级、保安负荷容量、电力客户重要性等级。

(2)接入系统方案,包括各路供电电源的接入点、供电电压、频率、供电容量、电源进线敷设方式、技术要求、投资界面及产权分界点、分界点开关等接入工程主要设施或装置的核心技术要求。

(3)受电系统方案,包括客户电气主接线及运行方式,受电装置容量及电气参数配置要求;无功补偿配置、自备应急电源及非电性质保安措施配置要求;谐波治理、调度通信、

继电保护及自动化装置要求；配电站房选址要求；变压器、进线柜、保护等一、二次主要设备或装置的核心技术要求。

（4）计量计费方案，包括计量点的设置、计量方式、用电信息采集终端安装方案，计量柜（箱）等计量装置的核心技术要求；用电类别、电价说明、功率因数考核办法、线路或变压器损耗分摊办法。

（5）其他事项，包括客户应按照规定交纳的业务费用及收费依据，供电方案有效期，供用电双方的责任和义务，特别是取消设计审查和中间检查后，用电人应履行的义务和承担的责任（包括自行组织设计、施工的注意事项，竣工验收的要求等内容），以及其他需说明的事宜及后续环节办理有关告知事项。

产 权 分 界 点

（1）公用低压线路供电的，以供电接户线用户端最后支持物为分界点，支持物属供电企业。

（2）10千伏及以下公用高压线路供电的，以用户厂界外或配电室前的第一断路器或第一支持物为分界点，第一断路器或第一支持物属供电企业。

（3）35千伏及以上公用高压线路供电的，以用户厂界外或用户变电站外第一基电杆为分界点。第一基电杆属供电企业。

（4）采用电缆供电的，本着便于维护管理的原则，分界点由供电企业与用户协商确定。

（5）产权属于用户且由用户运行维护的线路，以公用线路分支杆或专用线路接引的公用变电站外第一基电杆为分界点，专用线路第一基电杆属用户。

在电气上的具体分界点，由供用双方协商确定。

1.2.2 供电方案编审效率的要求

10千伏及以下项目由营销部（客户服务中心）直接答复供电方案，并经系统推送至发展、运检、调控部门备案。对于电网接入受限项目，先接入、后改造，低压、10千伏项目有效建设周期分别不长于10个、120个工作日。

35千伏项目由营销部（客户服务中心）委托经研院（所）编制供电方案，营销部（客户服务中心）组织相关部门进行网上会签或集中会审。

110千伏及以上项目由客户委托具备资质的单位开展接入系统设计，发展部委托经研院（所）设计编制供电方案，由发展部组织进行网上会签或集中会审。营销部（客户服务中心）负责统一答复客户供电方案。

1.2.3 业扩配套电网工程

1.2.3.1 业扩配套电网工程出资界面

对业扩接入引起的公共电网（含输配电线路、开闭站所、环网柜等）新建、改造，由公司出资建设。对非居民客户专线工程，原则上仍由客户出资自建；地方政府出台接入费标准的，可由公司负责建设。对各类工业园区、开发区内35千伏及以上中心变电所、10（20）千伏开关（环网）站所等共用的供配电设施，由公司出资建设。对电能替代项目、电动汽车充换电设施，其红线外供配电设施由公司投资建设。对新建居民住宅小区供电工程，有配套费政策的，严格按照政策执行；尚未出台政策的，其接入引起的公共电网新建、改造，由公司出资建设。

1.2.3.2　业扩配套电网工程建设周期

对于居配工程，明确内部各环节责任与时限要求，10 千伏、35 千伏、110 千伏项目，自供电方案答复之日起有效建设周期分别不长于 60 个、120 个、180 个工作日。

对于配套电网工程，低压项目、10 千伏项目，自供电方案答复之日起有效建设周期分别不超过 10 个、60 个工作日；35 千伏及以上项目，实行领导责任制，定期督办，确保与客户受电工程同步实施、同步送电。

1.2.4　供电方案的有效期

供电方案的有效期，是指从供电方案正式通知书发出之日起至交纳供电贴费并受电工程开工日为止。高压供电方案的有效期为一年，低压供电方案的有效期为三个月，逾期注销。

1.2.5　供电方案变更的要求

供电方案变更应严格履行审批程序，如由于客户需求变化造成方案变更，应书面通知客户重新办理用电申请手续；如由于电网原因，应与客户沟通协商，重新确定供电方案后再答复客户。

1.2.6　供电方案涉及的技术标准

1.2.6.1　确定供电电压等级的一般原则

客户的供电电压等级应根据当地电网条件、客户分级、用电最大需量或受电设备总容量，经过技术经济比较后确定。除有特殊需要，供电电压等级一般可参照表 1-4 确定。

表 1-4　　　　　　　供电电压等级参照表

供电电压等级	用电设备容量	受电变压器总容量
220 伏	10 千瓦及以下单相设备	
380 伏	100 千瓦及以下	50 千伏安及以下
10 千伏		50 千伏安～10 兆伏安
35 千伏		5 兆伏安～40 兆伏安
66 千伏		15 兆伏安～40 兆伏安
110 千伏		20 兆伏安～100 兆伏安
220 千伏		100 兆伏安及以上

注　1. 无 35 千伏电压等级的，10 千伏电压等级受电变压器总容量为 50 千伏安～15 兆伏安。

　　2. 供电半径超过本级电压规定时，可按高一级电压供电。

具有冲击负荷、波动负荷、非对称负荷的客户，宜采用由系统变电所新建线路或提高电压等级供电的供电方式。

1.2.6.2　电能计量方式的确定

（1）低压供电的客户，负荷电流为 60 安及以下时，电能计量装置接线宜采用直接接入式；负荷电流为 60 安以上时，宜采用经电流互感器接入式。

（2）高压供电的客户，宜在高压侧计量；但对 10 千伏供电且容量在 315 千伏安及以下、35 千伏供电且容量在 500 千伏安及以下的，高压侧计量确有困难时，可在低压侧计量，即采用高供低计方式。

（3）有两条及以上线路分别来自不同电源点或有多个受电点的客户，应分别装设电能计量装置。

（4）客户一个受电点内不同电价类别的用电，应分别装设电能计量装置。

（5）有送、受电量的地方电网和有自备电厂的客户，应在并网点上装设送、受电电能计量装置。

1.2.6.3　计量装置准确度等级选择

各类电能计量装置配置的电能表、互感器的准确度等级应不低于表 1-5 所示值。

表 1-5　　　　　　　　**电能表、互感器准确度等级**

容量范围	电能计量装置类别	准确度等级			
		有功电能表	无功电能表	电压互感器	电流互感器
S≥10000 千伏安	Ⅰ	0.2S 或 0.5S	2.0	0.2	0.2S 或 0.2＊）
10000 千伏安＞S≥2000 千伏安	Ⅱ	0.5S 或 0.5	2.0	0.2	0.2S 或 0.2＊）
2000 千伏安＞S≥315 千伏安	Ⅲ	1.0	2.0	0.5	0.5S
S＜315 千伏安	Ⅳ	2.0	3.0	0.5	0.5S
单相供电（P＜10 千瓦）	Ⅴ	2.0	—		0.5S

注　0.2＊）级电流互感器仅指发电机出口电能计量装置中配用。

1.2.6.4　供电电压允许偏差

在电力系统正常状况下，供电企业供到客户受电端的供电电压允许偏差为：35 千伏及以上电压供电的，电压正、负偏差的绝对值之和不超过额定值的 10％；10 千伏及以下三相供电的，为额定值的±7％；220 伏单相供电的，为额定值的＋7％，－10％。

1.2.6.5　无功补偿容量计算

电容器的安装容量，应根据客户的自然功率因数计算后确定。

当不具备设计计算条件时，电容器安装容量的确定应符合下列规定：35 千伏及以上变电所可按变压器容量的 10％～30％确定；10 千伏变电所可按变压器容量的 20％～30％确定。

1.2.6.6 功率因数调整电费的标准

功率因数标准 0.90，适用于 160 千伏安以上的高压供电工业用户（包括社队工业用户）、装有带负荷调整电压装置的高压供电电力用户和 3200 千伏安及以上的高压供电电力排灌站。

功率因数标准 0.85，适用于 100 千伏安（千瓦）及以上的其他工业用户（包括社队工业用户），100 千伏安（千瓦）及以上的非工业用户和 100 千伏安（千瓦）及以上的电力排灌站。

功率因数标准 0.80，适用于 100 千伏安（千瓦）及以上的农业用户和趸售用户，但大工业用户未划由电业直接管理的趸售用户，功率因数标准应为 0.85。

1.2.7　分布式电源涉及内容

1.2.7.1　分布式电源接入用户配电网工程设备选择原则

（1）分布式电源接入系统工程应选用参数、性能满足电网及分布式电源安全可靠运行的设备。

（2）分布式发电系统接地设计应满足 GB/T 50065—2011《交流电气装置的接地设计规范》的要求。分布式电源接地方式应与配电网侧接地方式一致，并应满足人身设备安全和保护配合的要求。采用 10 千伏及以上电压等级直接并网的同步发电机中性点应经避雷器接地。

（3）变流器类型分布式电源接入容量超过本台区配电变压器额定容量 25% 时，配电变压器低压侧刀熔总开关应改造为低压总开关，并在配电变压器低压母线处装设反孤岛装置；低压总开关应与反孤岛装置间具备操作闭锁功能，母线间有联络时，联络开关也应与反孤岛装置间具备操作闭锁功能。

1.2.7.2　分布式电源并网功率因数要求

（1）380 伏电压等级。通过 380 伏电压等级并网的分布式发电系统应保证并网点处功率因数在 0.95 以上。

（2）35/10 千伏电压等级。接入用户系统、自发自用（含余量上网）的分布式光伏发电系统功率因数应在 0.95 以上；采用同步电机并网的分布式电源，功率因数应在 0.95 以上；采用感应电机及除光伏外变流器并网的分布式电源，功率因数应在 1～滞后 0.95 之间。

1.2.7.3　分布式电源接入配网电压等级

对于单个并网点，接入的电压等级应按照安全性、灵活性、经济性的原则，根据分布式电源容量、发电特性、导线载流量、上级变压器及线路可接纳能力、用户所在地区配电网情况，经过综合比选后确定，具体可参考表 1-6。

表 1-6　　　　　分布式电源接入电压等级推荐表

单个并网点容量	并网电压等级
8 千瓦以下	220 伏
400 千瓦以下	380 伏
400 千瓦～6 兆瓦	10 千伏
6 兆瓦～20 兆瓦	35 千伏

注　最终并网电压等级应根据电网条件，通过技术经济比选论证确定。若高低两级电压均具备接入条件，优先采用。

1.2.7.4　分布式电源接入点选择

分布式电源接入点的选择应根据其电压等级及周边电网情况确定，具体见表 1-7。

表 1-7 　　　　　　　　分布式电源接入点选择推荐表

电压等级	接入点
35 千伏	用户开关站、配电室或箱式变压器母线
10 千伏	用户开关站、配电室或箱式变压器母线、环网单元
380 伏/220 伏	用户配电室、箱式变压器低压母线或用户计量配电箱

1.2.7.5　电动汽车充换电设施电压等级选择

电动汽车充换电设施供电电压等级应根据充换电设施的负荷，经过技术经济比较后确定。供电电压等级一般可参照表 1-8。当供电半径超过本级电压规定时，应采用高一级电压供电。

表 1-8 　　　　　　　　充换电设施电压等级

供电电压等级	充换电设施负荷
220 伏	10 千瓦及以下单相设备
380 伏	100 千瓦及以下
10 千伏	100 千瓦以上

1.3　工程建设

1.3.1　简化客户工程查验相关要求

取消普通客户设计审查和中间检查，实行设计单位资质、施工图纸与竣工资料合并报验。简化重要或有特殊负荷客户的设计审查和中间检查内容，客户内部土建工程、非涉网设备等不作为审查内容。

1.3.2　重要客户工程设计审查、中间检查原则

（1）客户可自主选择具备相应资质的设计单位，按照供电方案要求开展工程设计。重要电力客户需提交设计审查申请表、设计单位资质等级证书复印件、设计图纸及说明（设

计单位盖章），并办理设计审查申请。

重要电力客户的界定及分级

重要电力客户是指在国家或者一个地区（城市）的社会、政治、经济生活中占有重要地位，对其中断供电将可能造成人身伤亡、较大环境污染、较大政治影响、较大经济损失、社会公共秩序严重混乱的用电单位或对供电可靠性有特殊要求的用电场所。重要电力客户认定一般由各级供电企业或电力客户提出，经当地政府有关部门批准。

根据对供电可靠性的要求以及中断供电危害程度，重要电力客户可以分为特级、一级、二级重要电力客户和临时性重要电力客户。

特级重要电力客户，是指在管理国家事务中具有特别重要作用，中断供电将可能危害国家安全的电力客户。

一级重要电力客户，是指中断供电将可能产生下列后果之一的电力客户：①直接引发人身伤亡的；②造成严重环境污染的；③发生中毒、爆炸或火灾的；④造成重大政治影响的；⑤造成重大经济损失的；⑥造成较大范围社会公共秩序严重混乱的。

二级重要客户，是指中断供电将可能产生下列后果之一的电力客户：①造成较大环境污染的；②造成较大政治影响的；③造成较大经济损失的；④造成一定范围社会公共秩序严重混乱的。

临时性重要电力客户，是指需要临时特殊供电保障的电力客户。

（2）重要客户设计审查重点为主要电气设备技术参数、主接线方式、运行方式、线缆规格应满足供电方案要求；通信、继电保护及自动化装置设置应符合有关规程；电能计量和用电信息采集装置的配置应符合相关技术标准。

对重要电力客户，供电电源配置、自备应急电源及非电性质保安措施等，应满足有关规程、规定的要求。

对特殊负荷（高次谐波、冲击性负荷、波动负荷、非对称性负荷等）客户，电能质量治理装置及预留空间、电能质量监测装置，应满足有关规程、规定要求。

（3）重要客户中间检查重点为涉及电网安全的隐蔽工程施工工艺、计量相关设备选型等项目。

供电电源配置的一般原则

供电电源应依据客户分级、用电性质、用电容量、生产特性以及当地供电条件等因素，经过技术经济比较、与客户协商后确定。特级重要电力客户应具备三路及以上电源供电条件，其中的两路电源应来自两个不同的变电站，当任何两路电源发生故障时，第三路电源能保证独立正常供电。一级重要电力客户应采用双电源供电，二级重要电力客户应采用双电源或双回路供电。临时性重要电力客户按照用电负荷重要性，在条件允许情况下，可以通过临时架线等方式满足双电源或多电源供电要求。对普通电力客户可采用单电源供电。

双电源、多电源供电时宜采用同一电压等级电源供电，供电电源的切换时间和切换方式要满足重要电力客户允许中断供电时间的要求。

根据客户分级和城乡发展规划，选择采用架空线路、电缆线路或架空—电缆线路供电。

1.4　验收送电

1.4.1　简化竣工检验内容要求

取消客户内部非涉网设备施工质量、运行规章制度、安全措施等竣工检验内容，优化客户报验资料，实行设计、竣工报验资料一次性提交。

竣工检验分为资料审验和现场查验。其中资料审验主要审查设计、施工、试验单位资质，设备试验报告、保护定值调试报告和接地电阻测试报告；现场查验重点检查是否符合供电方案要求，以及影响电网安全运行的设备，包括与电网相连接的设备、自动化装置、电能计量装置、谐波治理装置和多电源闭锁装置等，重要电力客户还应检查自备应急电源配置情况，收集检查相关图影资料并归档。

1.4.2　竣工检验收资清单

（1）高压客户竣工报验申请表。

（2）设计、施工、试验单位资质证书复印件。

（3）工程竣工图及说明。

（4）电气试验及保护整定调试记录，主要设备的型式试验报告。

1.4.3　竣工检验现场查验内容

（1）电源接入方式、受电容量、电气主接线、运行方式、无功补偿、自备电源、计量配置、保护配置等符合供电方案。

（2）电气设备符合国家的政策法规，不存在使用国家明令禁止的电气产品。

（3）试验项目齐全、结论合格。

（4）计量装置配置和接线符合计量规程要求。

（5）冲击负荷、非对称负荷及谐波源设备采取有效的治理措施。

（6）双（多）路电源闭锁装置可靠，自备电源管理完善、单独接地、投切装置符合要求。

（7）重要电力用户保安电源容量、切换时间满足保安负荷用电需求，非电保安措施及应急预案完整有效。

客户电气主接线的选择

具有两回线路供电的一级负荷客户，其电气主接线的确定应符合下列要求：①35千伏及以上电压等级应采用单母线分段接线或双母线接线。装设两台及以上主变压器。6～10千伏侧应采用单母线分段接线。②10千伏电压等级应采用单母线分段接线。装设两台及以上变压器。0.4千伏侧应采用单母线分段接线。

具有两回线路供电的二级负荷客户，其电气主接线的确定应符合下列要求：①35千伏及以上电压等级宜采用桥形、单母线分段、线路变压器组接线。装设两台及以上主变压器。中压侧应采用单母线分段接线。②10千伏电压等级宜采用单母线分段、线路变压器组接线。装设两台及以上变压器。0.4千伏侧应采用单母线分段接线。

单回线路供电的三级负荷客户，其电气主接线，采用单母线或线路变压器组接线。

1.4.4　承装（修、试）电力设施许可证分类与分级

许可证分为承装、承修、承试三个类别。取得承装类许可证的，可以从事电力设施的安装活动；取得承修类许可证的，可以从事电力设施的维修活动；取得承试类许可证的，可以从事电力设施的试验活动。

许可证分为一级、二级、三级、四级和五级。取得一级许可证的，可以从事所有电压等级电力设施的安装、维修或者试验活动；取得二级许可证的，可以从事220千伏以下电压等级电力设施的安装、维修或者试验活动；取得三级许可证的，可以从事110千伏以下电压等级电力设施的安装、维修或者试验活动；取得四级许可证的，可以从事35千伏以下电压等级电力设施的安装、维修或者试验活动；取得五级许可证的，可以从事10千伏以下电压等级电力设施的安装、维修或者试验活动。

承装（修、试）电力设施单位在颁发许可证的派出机构辖区以外承揽工程的，应当自工程开工之日起十日内，向工程所在地派出机构报告，依法接受其监督检查。工程所在地派出机构应当按照规定将监督检查情况及时通报颁发许可证的派出机构。

1.4.5 高可靠性供电费用收取标准

（1）自 2000 年 6 月 10 日起，河南省的贴费按调整后的标准执行。贴费收入用作城市电网建设与改造工程项目资本金。

（2）调整后的架空线路供电工程贴费标准如表 1-9、表 1-10 所示，地下电缆线路供电工程贴费标准按调整后的架空线贴费标准的 1.5 倍执行。对于从公用线路受电的客户，若自建 T 接、π 接点以后本级电压外部供电工程，按由供电部门建设时客户应交纳的贴费和客户自建本级电压外部供电工程时应交纳的贴费的平均数交纳贴费。

（3）城乡电网改造过程中新增的用电容量，免征贴费。

（4）企业破产后经改制重新投入生产，无需供电单位对其进行线路改造和变压器增容的，供电单位不得再收取贴费。但破产企业在申报破产时，应以书面形式同时告知供电企业，供电企业应按照《电力法》及相关法律法规规定，及时采取相应措施，以防止国家电费收入的大量损失。企业破产后经改制重新投入生产时，应按照供电企业要求，提供相应的破产文件和文字材料。

表 1-9 河南省供电工程贴费征收标准表

单位：千伏、元/千伏安

用户受电电压等级	由供电单位建设时用户应交纳的贴费			公用线路受电点并自建 T 接、π 接点以后本级电压外部供电工程时用户应交纳的贴费	用户自建本级电压外部供电工程时应交纳的贴费
	总计	其中			
		供电贴费	配电贴费		
0.38/0.22	270	100	170	245	220
10（6）	220	120	100	190	160
35	170	170		130	90
63	110	110		55	
110	90	90		45	

表 1-10 对县以下乡村用户（不含乡镇、村办企业）和豫电用

〔1993〕30 号文中有明确规定的用户的征收标准

单位：千伏、元/千伏安

用户受电电压等级	由供电单位建设时用户应交纳的贴费			公用线路受电点并自建 T 接、π 接点以后本级电压外部供电工程时用户应交纳的贴费	用户自建本级电压外部供电工程时应交纳的贴费
	总计	其中			
		供电贴费	配电贴费		
0.38/0.22	250	90	160	225	200
10（6）	200	110	90	175	150
35	150	150		110	70
63	100	100		50	
110	70	70		35	

1.4.6 按需量收费的规定

基本电价按最大需量计费的用户应和电网企业签订合同，按合同确定值计收基本电费，如果用户实际最大需量超过核定值 5%，超过 5% 部分的基本电费加一倍收取。

1.4.7 供用电合同主要内容

供用电合同是供电人向用电人供电，用电人向供电人支付电费的合同。供用电合同的内容包括供电的方式、质量、时间，用电容量、地址、性质，计量方式，电价、电费的结算方式，供用电设施的维护责任等条款。

2 服 务 规 范

2.1 国家电网公司供电服务"十项承诺"

（1）城市地区：供电可靠率不低于 99.90％，居民客户端电压合格率不低于 96％；农村地区：供电可靠率和居民客户端电压合格率，经国家电网公司核定后，由各省（自治区、直辖市）电力公司公布承诺指标。

（2）提供 24 小时电力故障报修服务，供电抢修人员到达现场的时间一般不超过：城区范围 45 分钟；农村地区 90 分钟；特殊边远地区 2 小时。

（3）供电设施计划检修停电，提前 7 天向社会公告。对欠电费客户依法采取停电措施，提前 7 天送达停电通知书，费用结清后 24 小时内恢复供电。

（4）严格执行价格主管部门制定的电价和收费政策，及时在供电营业场所和网站公开电价、收费标准和服务程序。

（5）供电方案答复期限：居民客户不超过 3 个工作日，低压电力客户不超过 7 个工作日，高压单电源客户不超过 15 个工作日，高压双电源客户不超过 30 个工作日。

（6）装表接电期限：受电工程检验合格并办结相关手续后，居民客户 3 个工作日内送电，非居民客户 5 个工作日内送电。

（7）受理客户计费电能表校验申请后，5 个工作日内出具检测结果。客户提出抄表数据异常后，7 个工作日内核实并答复。

（8）当电力供应不足，不能保证连续供电时，严格按照政府批准的有序用电方案实施错避峰、停限电。

（9）供电服务热线"95598"24 小时受理业务咨询、信息查询、服务投诉和电力故障报修。

（10）受理客户投诉后，1 个工作日内联系客户，7 个工作日内答复处理意见。

2.2　员工服务"十个不准"

（1）不准违规停电、无故拖延送电。

（2）不准违反政府部门批准的收费项目和标准向客户收费。

（3）不准为客户指定设计、施工、供货单位。

（4）不准违反业务办理告知要求，造成客户重复往返。

（5）不准违反首问负责制，推诿、搪塞、怠慢客户。

（6）不准对外泄露客户个人信息及商业秘密。

（7）不准工作时间饮酒及酒后上岗。

（8）不准营业窗口擅自离岗或做与工作无关的事。

（9）不准接受客户吃请和收受客户礼品、礼金、有价证券等。

（10）不准利用岗位与工作之便谋取不正当利益。

2.3　调度交易服务"十项措施"

（1）规范《并网调度协议》和《购售电合同》的签订与执行工作，坚持公开、公平、公正调度交易，依法维护电网运行秩序，为并网发电企业提供良好的运营环境。

（2）按规定、按时向政府有关部门报送调度交易信息；按规定、按时向发电企业和社会公众披露调度交易信息。

（3）规范服务行为，公开服务流程，健全服务机制，进一步推进调度交易优质服务窗口建设。

（4）严格执行政府有关部门制定的发电量调控目标，合理安排发电量进度，公平调用发电机组辅助服务。

（5）健全完善问询答复制度，对发电企业提出的问询能够当场答复的，应当场予以答复；不能当场答复的，应当自接到问询之日起 6 个工作日内予以答复；如需延长答复期限的，应告知发电企业，延长答复的期限最长不超过 12 个工作日。

（6）充分尊重市场主体意愿，严格遵守政策规则，公开透明组织各类电力交易，按时准确完成电量结算。

（7）认真贯彻执行国家法律法规，严格落实小火电关停计划，做好清洁能源优先消纳工作，提高调度交易精益化水平，促进电力系统节能减排。

（8）健全完善电网企业与发电企业、电网企业与用电客户沟通协调机制，定期召开联席会，加强技术服务，及时协调解决重大技术问题，保障电力可靠有序供应。

（9）认真执行国家有关规定和调度规程，优化新机并网服务流程，为发电企业提供高效优质的新机并网及转商运服务。

（10）严格执行《国家电网公司电力调度机构工作人员"五不准"规定》和《国家电网公司电力交易机构服务准则》，聘请"三公"调度交易监督员，省级及以上调度交易设立投诉电话，公布投诉电子邮箱。

本章主要介绍高压新装的业务流程，其流程图如图 3-1 所示。

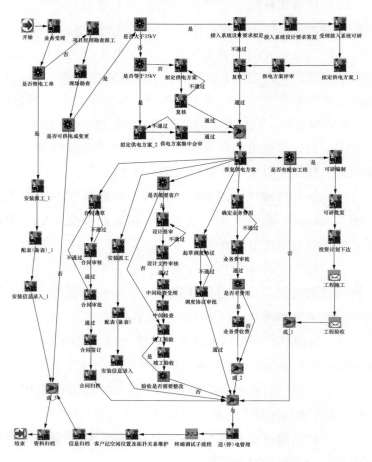

图 3-1　高压新装流程图

3.1 业务受理

（1）登录系统，点击"新装增容及变更用电/业务受理/
功能/业务受理"，"业务类型"选择为"高压新装"，提示
"切换业务将丢失当前数据，确定切换"，点击【确定】后，
根据客户申请实际情况，填入客户申请信息，包括用户名称、
证件名称、证件号码、联系人、移动电话、申请容量、申请
原因等信息后保存生成申请编号和用户编号，如图 3-2 所示。

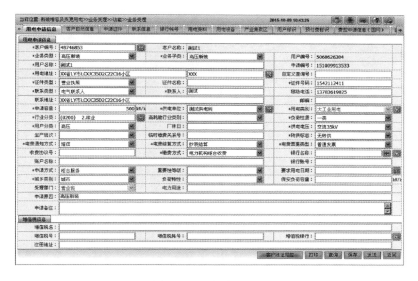

图 3-2　业务受理界面

（2）业务受理需要的用电申请资料，可以在用电资料界
面进行填写和上传，如图 3-3 所示。

（3）如果用户是产业集聚区用户，则在"产业集聚区"
界面进行选择保存，如不是则可以不用处理，如图 3-4 所示。

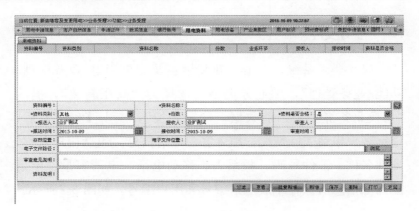

图 3-3　用电资料界面

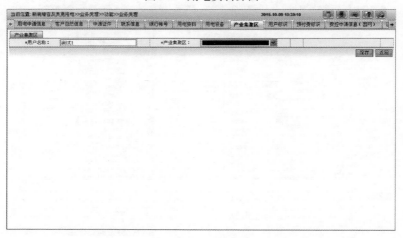

图 3-4　产业集聚区界面

（4）根据用户的城农网和用户装表多少，在"用户标识"界面选择确定用户分类，如图 3-5 所示。

（5）根据用户是否是预付费用户，在"预付费标识"界面确定用户的预付费标识，如图 3-6 所示。

（6）根据用户是否是费控用户，在"费控申请信息"界面填写用户的费控信息，如图 3-7 所示。

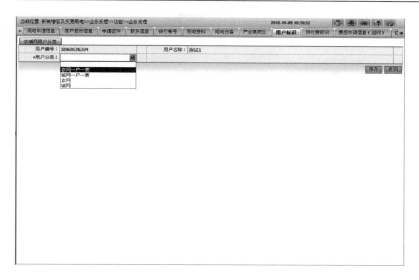

图 3-5　用户标识界面

图 3-6　用户预付费标识界面

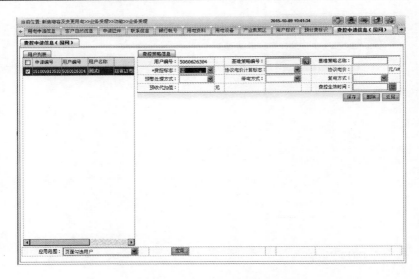

图 3-7 用户费控申请界面

注意事项：

（1）"用电地址"、"用电类别"和"行业分类"等需填项后的 按钮，可以点开进行选择。

（2）居民身份证必须填写真实的身份证号码。

（3）带"＊"的在系统中为必填项，一些不带"＊"的如果是系统强制校验的也为必填项，比如申请原因。对于系统强制校验的一些申请信息，根据发送校验提示要补充完整。

3.2 项目经理派工

登录系统，单击"工作任务/待办工作单"，根据申请编号选择处理该工作单，如图 3-8 所示，下拉框选择"接收人员"后发送到下一环节。

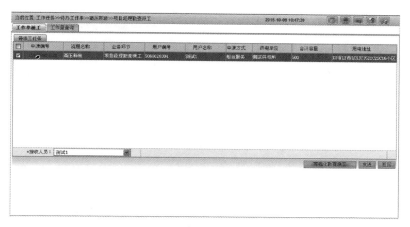

图 3-8　项目经理派工界面

3.3　现场勘查

（1）登录系统，点击"工作任务/待办工作单"，选择该工单进行处理，如图 3-9 所示。填入勘查意见，选择勘查时间，对于有违约用电行为的选择"是"，填入违约用电行为描述等，然后保存。

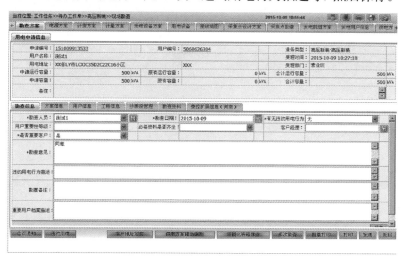

图 3-9　勘查方案界面

（2）单击【方案信息】，进入"方案信息录入"界面，下拉框选择是否可以供电、是否有工程、经计量装置接电等信息，输入核定容量、确定人意见、供电方案说明等信息，如图 3-10 所示。单击【保存】按钮，提示保存成功。

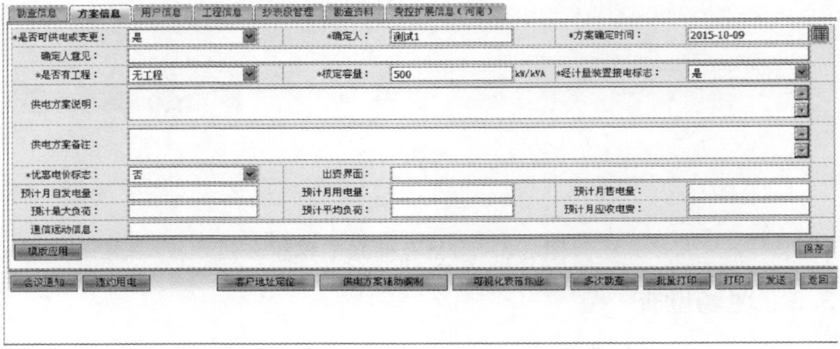

图 3-10　方案信息界面

（3）单击【抄表段管理】，进入"抄表段管理"界面，如图 3-11 所示。选择用户要归属抄表段后点击确定按钮，提示确定抄表段成功。

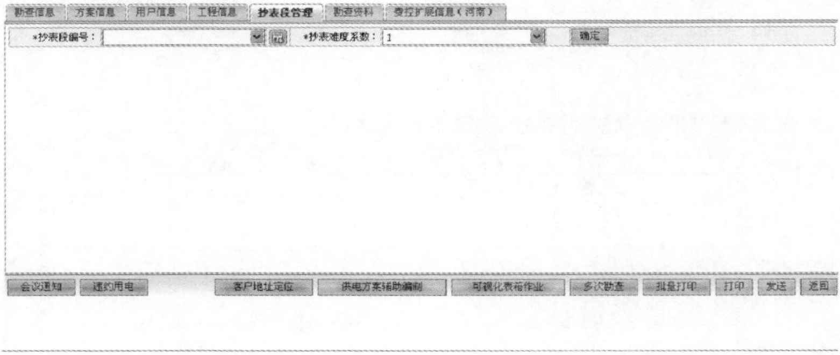

图 3-11　抄表段管理界面

（4）单击【电源方案】，进入"电源方案"界面，根据实际情况选择电源类型、电源相数、电源性质、供电电压、进线方式、产权分界点、保护方式、运行方式、变电站、线路、台区等信息后保存。如果是单电源供电时，选择一条电源线路；如果是双电源供电或多电源供电，单击【新增】按钮，增加两条或多条电源线路。以双电源为例，如图 3-12 所示。

图 3-12　电源方案界面

（5）单击【计费方案】，进入"计费方案"界面。首先，填写"用户电价策略方案"，下拉框选择"定价策略类型"和"功率因数考核方式"。对于定价策略类型选择两部制的，必须选择基本电费计算方式按容量或者按需量；对于定价策略类型选择按照需量计算基本电费的，必须输入需量核定值。数据输入完成后，检查其正确性后，单击【保存】按钮。其次，填写"用户电价方案"，选择执行电价、电价行业类别、是否执行峰谷标志、功率因数考核标准、是否参与直接交易，单击【保存】按钮。如果执行多个电价则新增另外的不同的电价。以单个电价为例，如图 3-13 所示。

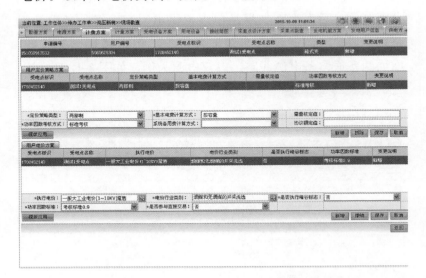

图 3-13　计费方案界面

（6）单击【计量方案】，进入"计量方案"界面。单击"计量点方案"中的【新增】按钮，弹出计量点方案窗口，如图 3-14 所示。从下拉列表框中选择计量点分类、计量方式、接线方式等信息，单击【保存】按钮，返回计量方案界面，这样就增加了一条计量点方案。

如果是多个计量点，单击计量点方案中的【新增】按钮，继续添加新的计量点；如有下级计量点信息，单击【增下级】按钮，新增下级计量点。以两个 1 级计量点为例，如图 3-15 所示

（7）选择一条计量点方案信息，点击【电能表方案】，进入"电能表方案"界面。单击【新增】按钮，弹出电能表方案

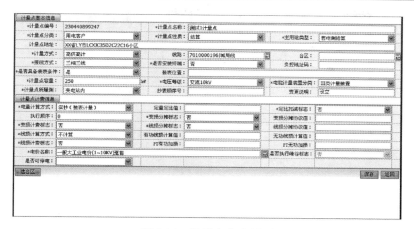

图 3-14　计量点方案界面

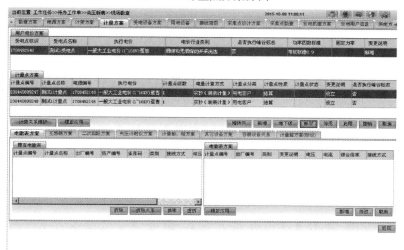

图 3-15　新增计量点方案界面

窗口，选择电能表类别、接线方式、类型、电压、电流等必填项参数，通过☑选择示数类型，如图 3-16 所示。核对方案正确后，单击【保存】按钮，返回计量方案窗口。每一个实抄计量点都应有对应的电能表方案。

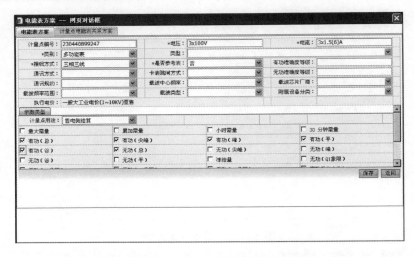

图 3-16　电能表方案界面

（8）点击【互感器方案】，进入"互感器方案"界面，单击【新增】按钮，弹出互感器方案窗口，选择互感器类别、类型，填写电流变比、电压变比等信息。对于类别为电压互感器的，填写电压变比；类别为电流互感器的，填写电流变比；类别为组合互感器的，电流变比和电压变比都要填写，如图 3-17 所示。数据输入完成后，检查其正确性，单击【保存】按钮，返回计量方案窗口。

（9）点击【受电设备方案】，进入"受电设备方案"界面。单击【增变台】按钮，弹出受电设备方案窗口，如图 3-18 所示。

"台区信息"下面点【新增】按钮，弹出界面如图 3-19 所示，根据情况输入台区名称、设备类型、设备名称、安装地址、铭牌容量等信息。数据输入完成后，检查其正确性，单击【保存】按钮即可返回"受电设备"界面。如图 3-20 所示。

图 3-17 互感器方案界面

图 3-18 受电设备方案界面

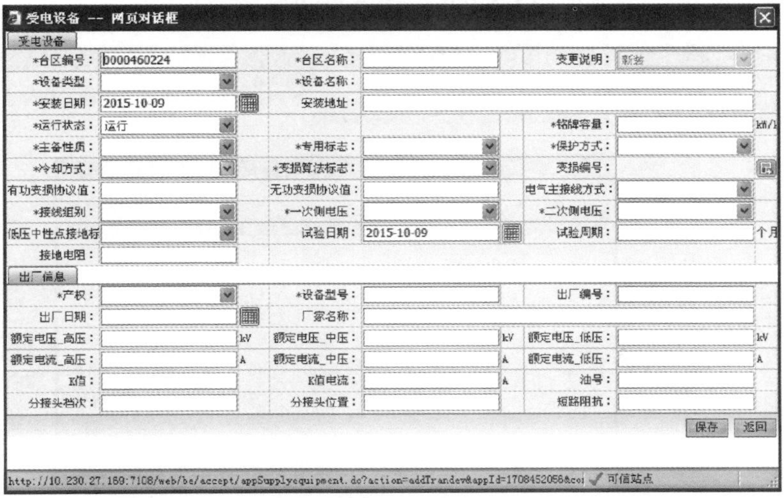

图 3-19 台区信息界面

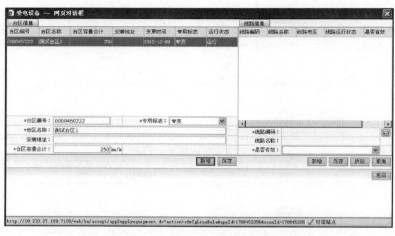

图 3-20 受电设备方案（已增台区信息）界面

"线路信息"下面单击线路编码的 按钮，弹出如图 3-21 所示界面，根据实际情况选择该新建台区所对应的线路，单击【确认】按钮，返回"受电设备"界面。在是否有效选择"是"后单击【保存】按钮，如图 3-22 所示。

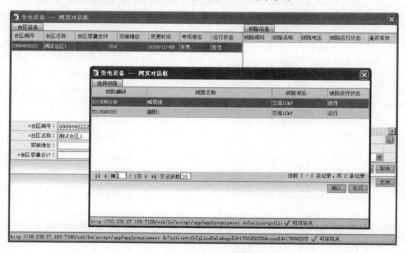

图 3-21 线路信息界面

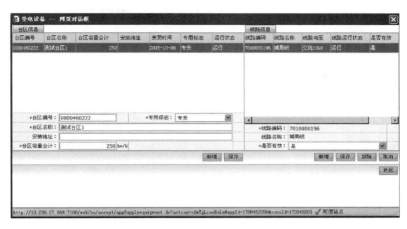

图 3-22 线路台区关联界面

根据相同的增变台方法，增加另外一个台区然后关联另外一条电源线路。单击【选台区】按钮，选择计量点对应的变台和线路后如图 3-23 所示。单击【勘查方案】，转至"勘查方案"界面。单击【发送】按钮，发送到下一环节。

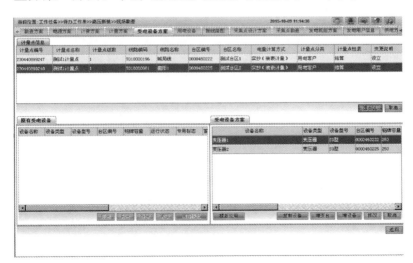

图 3-23 受电设备方案界面

注意事项：

（1）受电设备方案制定完成后需到"电源方案"中将台区修改为新建的台区，而且要对应线路。

（2）受电设备方案中"增设备"按钮，是在原来的台区下新增变压器设备。"复制设备"按钮是复制新增的一个相同的变压器。

3.4　拟定供电方案

登录系统，单击"工作任务/待办工作单"，选择处理该工作单。核实工单中的方案信息数据，若方案有误，可对相应的方案信息进行修改，修改完成后单击【保存】，如图 3-24 所示。信息确认无误后，单击【发送】按钮，发送到下一环节。

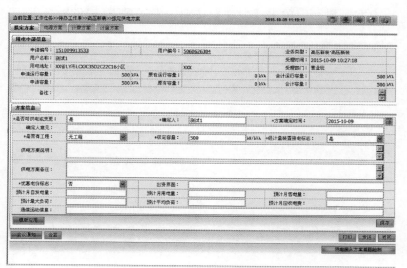

图 3-24　拟定供电方案界面

3.5 复核

登录系统，单击"工作任务/待办工作单"，选择处理该工作单。下拉框选择"审批结果"，输入审批意见，单击【保存】，如图 3-25 所示。信息确认无误后，单击【发送】按钮，发送到下一环节。

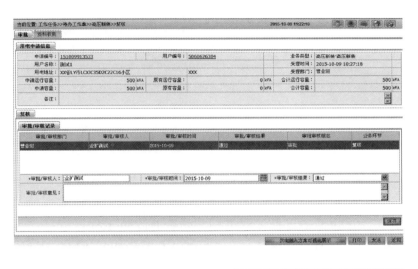

图 3-25 复核界面

3.6 答复供电方案

登录系统，单击"工作任务/待办工作单"，选择处理该工作单。下拉框选择答复方式、客户回复方式、客户回复时间等信息，输入客户签收人和用户意见后单击【保存】，如图 3-26 所示。确认信息无误后，单击【发送】按钮，发送到下一环节。

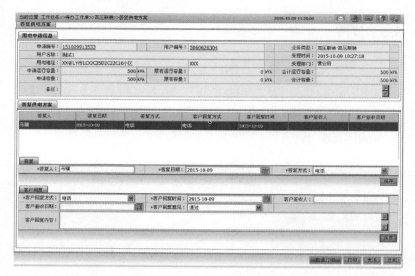

图 3-26　答复供电方案界面

3.7　设计报审

登录系统,"单击工作任务/待办工作单",选择处理该工作单。下拉框中选择工程类别、是否有隐蔽工程等信息(其中带"*"的为必填项),点击【保存】按钮。"报审资料"界面可以上传设计文件资料,操作方法与上传用电资料类似,点击【新增】,录入资料信息,点击【浏览】上传电子附件,点击【保存】。回到"设计报审"Tab 页,如图 3-27 所示,单击【发送】按钮,发送到下一环节。

3.8　设计文件审核

登录系统,单击"工作任务/待办工作单",选择处理该工作单。选择审批结果和审批意见后单击【保存】,如图 3-28 所示。确认信息无误后,单击【发送】按钮,发送到下一环节。

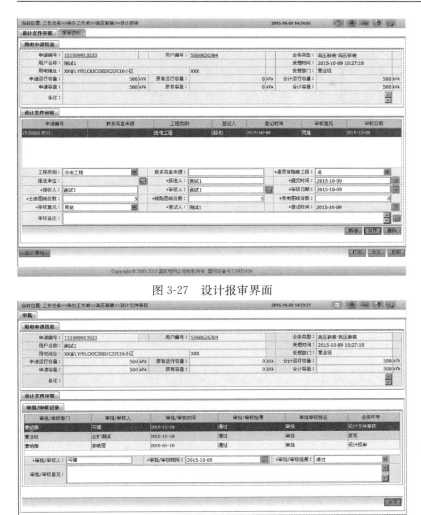

图 3-27　设计报审界面

图 3-28　设计文件审核界面

3.9　确定业务费用

登录系统，单击"工作任务/待办工作单"，选择处理该工作单，如图 3-29 所示。单击"收费项目名称"后⬚按钮，弹出确定业务费用窗口，如图 3-30 所示，选择符合用户情况的费用类别和执行业务费标准后单击【确定】，核实无误后单击【保存】，产生一条业务费应收记录，如图 3-31 所示。单击【发送】按钮，发送到下一环节。

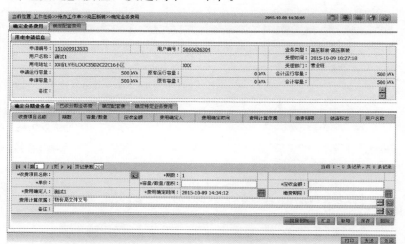

图 3-29　确定业务费用界面

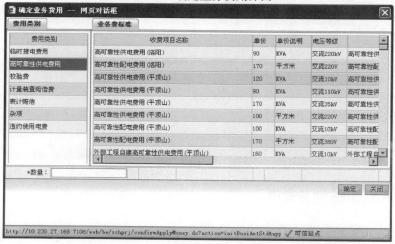

图 3-30　收费项目名称界面

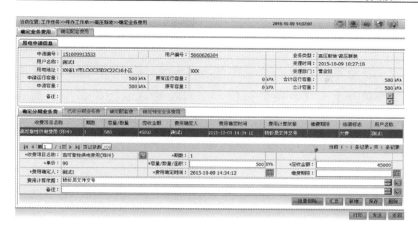

图 3-31　业务费用填写完成界面

3.10　业务费审批

　　登录系统，单击"工作任务/待办工作单"，选择处理该工作单，如图 3-32 所示。下拉框选择审批结果，输入审批意见后单击【保存】。信息确认无误后，单击【发送】按钮，发送到下一环节。

图 3-32　业务费审批界面

3.11 业务费收费

登录系统，单击"工作任务/待办工作单"，选择处理该工作单。单击【收费】按钮，提示收费收取相关费用，确定后，结清标志显示结清，如图 3-33 所示。单击【发送】按钮，发送到下一环节。

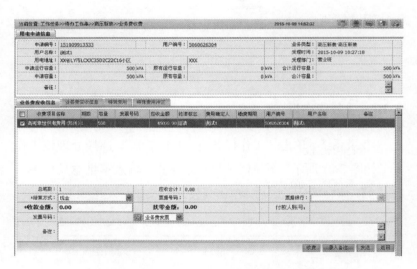

图 3-33 业务收费窗口界面

3.12 中间检查受理

登录系统，单击"工作任务/待办工作单"，选择处理该工作单。按实际情况输入检查受理内容和备注后单击【保存】，如图 3-34 所示。信息确认无误后，单击【发送】按钮，发送到下一环节。

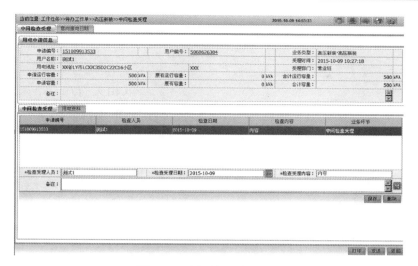

图 3-34　中间检查受理界面

3.13　中间检查

　　登录系统，单击"工作任务/待办工作单"，选择处理该工作单。单击【新增】按钮，按实际情况输入检查结果、工程缺陷、计划内容、整改意见、工程整改情况等，单击【保存】，可以点击【新增】按钮增加多条检查记录，单击【保存】，如图 3-35 所示。信息确认无误后，点击【发送】按钮，发送到下一环节。

3.14　竣工报验

　　登录系统，单击"工作任务/待办工作单"，选择处理该工作单。单击【新增】按钮，按实际情况输入报验人、报验日期、报验性质等，可以新增多条，单击【保存】，如图 3-36 所示。信息确认无误后，单击【发送】按钮，发送到下一环节。

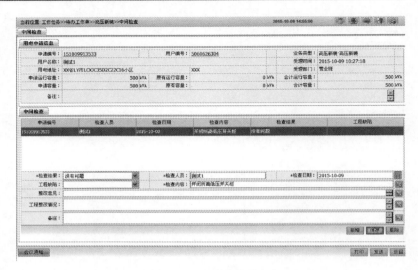

图 3-35 中间检查界面

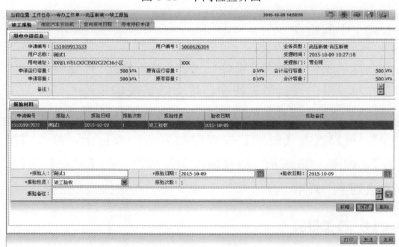

图 3-36 竣工报验界面

3.15 竣工验收

登录系统,单击"工作任务/待办工作单",选择处理该工作单。按实际情况输入验收意见、验收人、验收日期、验收部门、验收备注等，单击【保存】，如图 3-37 所示。信息确认无误后，单击【发送】按钮，发送到下一环节。

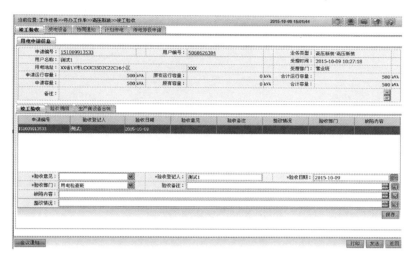

图 3-37 竣工验收界面

3.16 安装派工

登录系统，单击"工作任务/待办工作单"，选择处理该工作单。在复选框☑选中要派工的工单，在派工信息的装拆人员☑选中装拆人员，可以多选。填入装拆日期，单击【派工】按钮，提示派工成功，如图 3-38 所示，然后发送到下一环节。

3.17 配表（备表）

登录系统，单击"工作任务/待办工作单"，选择处理该工作单，如图 3-39 所示。在"出厂编号"、"资产编号"或者

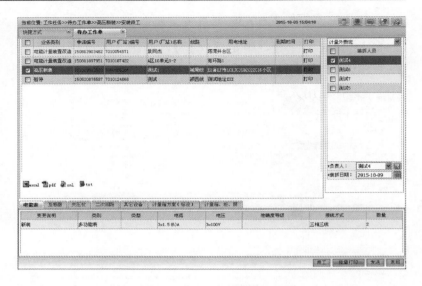

图 3-38 安装派工界面

图 3-39 配表界面

"条形码"文本框输入要领表计或互感器的出厂编号、资产编号或者条形码，单击回车键后即完成配表和互感器。如要取消预配信息，可以单击【取消】按钮。单击【领用】按钮在列表中选择领用人员，输入领用人员的密码后单击【确定】，如图 3-40 所示。

图 3-40 领用界面

3.18 安装信息录入

（1）登录系统，单击"工作任务/待办工作单"，选择处理该工作单，如图 3-41 所示。输入装拆人员、装拆日期、安装位置等，然后单击【全部保存】按钮，提示保存成功。在"电能表装拆示数"界面，新装只输入"装出示数"（为此表的初始读数），然后单击【保存】按钮，提示保存成功。

（2）单击【互感器方案】，进入"互感器方案"界面，如图 3-42 所示。输入装拆人员、装拆日期、安装位置、相别和安装方式等，单击【全部保存】按钮。信息确认无误后，单击【发送】按钮，发送到下一环节。

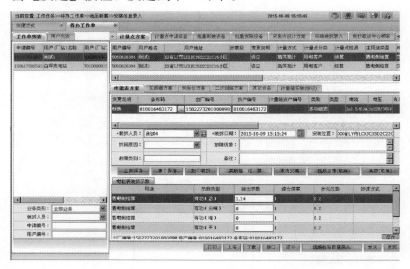

图 3-41　安装信息录入界面

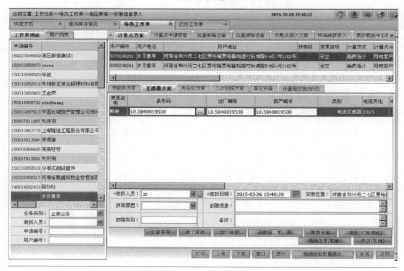

图 3-42　互感器方案界面

注意事项：这里每个计量点下的"电能表方案"和"互感器方案"都要录入安装信息。

3.19 合同起草

登录系统，单击"工作任务/待办工作单"，选择处理该工作单。核实合同起草中信息，无误后单击【保存】，如图 3-43所示。

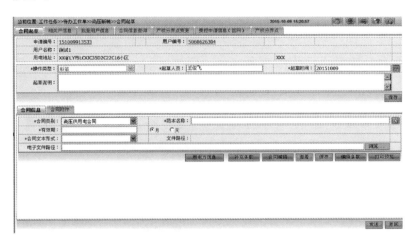

图 3-43 合同起草界面

单击"范本名称"后 🔳 按钮，弹出合同范本引用窗口，如图 3-44 所示，选择要引用的范本，单击【确认】按钮，填写信息，合同文本形式选择标准化文本，单击【保存】按钮，提示保存成功，单击【合同编辑】按钮，根据实际情况，填入相关信息。数据输入完成后，检查其正确性后，单击【保存】按钮。单击【合同附件】按钮，进入"合同附件"界面，如图 3-45 所示。如果需要上传合同附件，则在该界面上传附件，单击【保存】。信息确认无误后，单击【发送】按钮，发送到下一环节。

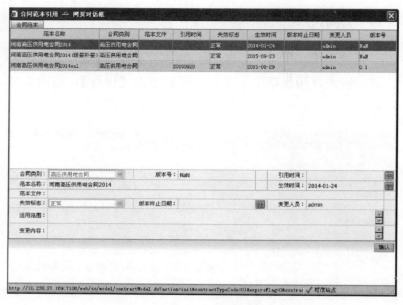

图 3-44 合同范本引用界面

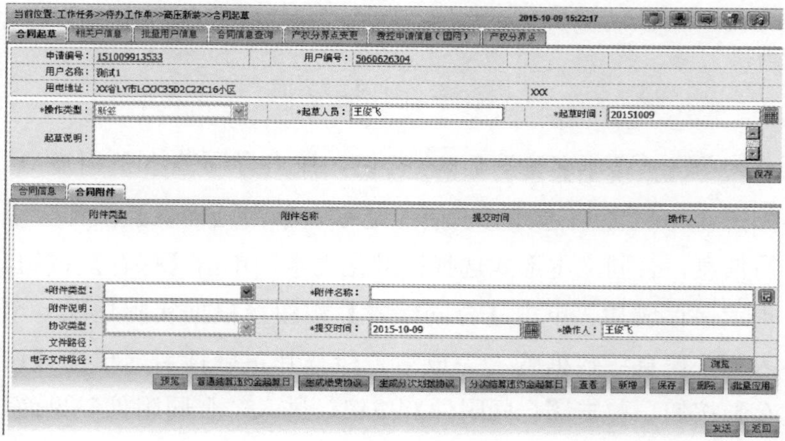

图 3-45 合同附件界面

注意事项：合同文本形式如果选择自由格式文本，则在电子文件路径处上传本地合同文本，就不需要合同编辑操作。

3.20　合同审核

登录系统，单击"工作任务/待办工作单"，选择处理该工作单。审批结果选择通过，如图3-46所示，单击【保存】。信息确认无误后，单击【发送】，发送到下一环节。

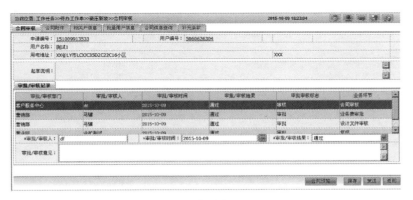

图 3-46　合同审核界面

3.21　合同审批

登录系统，单击"工作任务/待办工作单"，选择处理该工作单。审批结果选择通过，如图3-47所示，单击【保存】。信息确认无误后，单击【发送】，发送到下一环节。

3.22　合同签订

登录系统，单击"工作任务/待办工作单"，选择处理该工作单。填写如图3-48所示相关的实际签订信息，单击【保存】。信息确认无误后，单击【发送】，发送到下一环节。

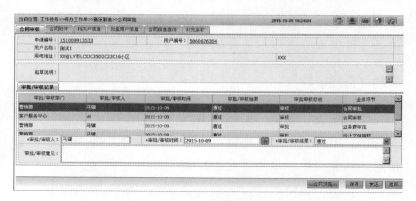

图 3-47　合同审批界面

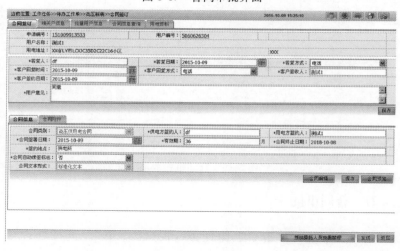

图 3-48　合同签订界面

3.23　合同归档

登录系统，单击"工作任务/待办工作单"，选择处理该工作单。根据实际情况，填入操作人、归档时间、归档说明等信息。单击【保存】，如图 3-49 所示。信息确认无误后，单击【发送】，发送到下一环节。

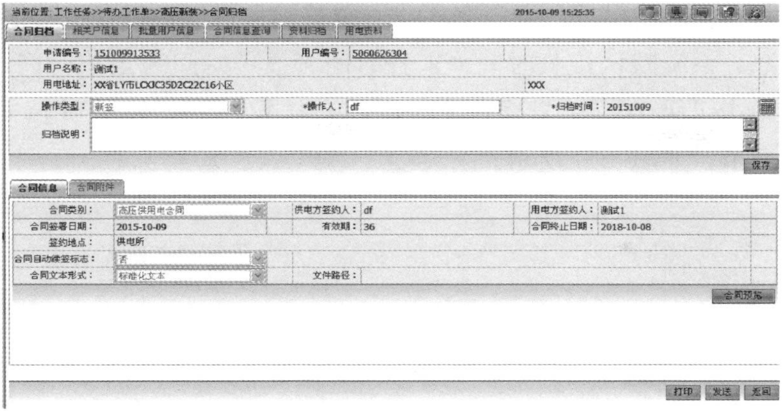

图 3-49　合同归档界面

3.24　起草调度协议

　　登录系统，单击"工作任务/待办工作单"，选择处理该工作单。首先核实方案信息，如图 3-50 所示，单击【保存】。其次，点击【调度协议资料】，进入"调度协议资料"界面，

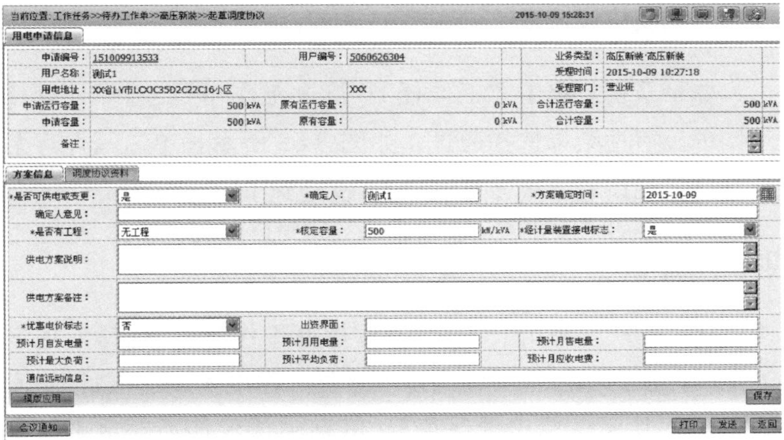

图 3-50　方案信息界面

根据实际情况填入资料名称、资料类别、资料是否合格等信息，系统默认接收时间、审查时间、报送时间为当前时间，单击【保存】。信息确认无误后，单击【发送】，发送到下一环节，如图 3-51 所示。

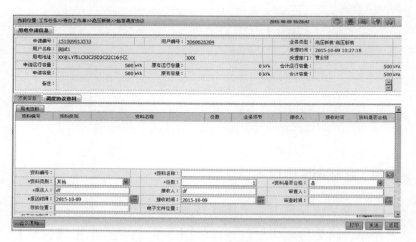

图 3-51　调度协议资料界面

3.25　调度协议审批

登录系统，单击"工作任务/待办工作单"，选择处理该工作单。审批结果选择通过，如图 3-52 所示，单击【保存】。信息确认无误后，单击【发送】，发送到下一环节。

3.26　送（停）电管理

登录系统，单击"工作任务/待办工作单"，选择处理该工作单。根据实际情况输入送电意见、送电人、送电日期等，如图 3-53 所示，单击【保存】。信息确认无误后，单击【发送】，发送到下一环节。

图 3-52 调度协议审批界面

图 3-53 送（停）电管理界面

注意事项：送电日期和受电设备中的首次运行日期需保持一致，不一致需修改一致。

3.27 客户空间位置及拓扑关系维护

登录系统，单击"工作任务/待办工作单"，选择处理该工作单。如果与 GIS 有接口的，点击【客户空间位置及拓扑关系维护】按钮，然后进行相应的接口操作，如果没有则直接发送到下一环节，如图 3-54 所示。

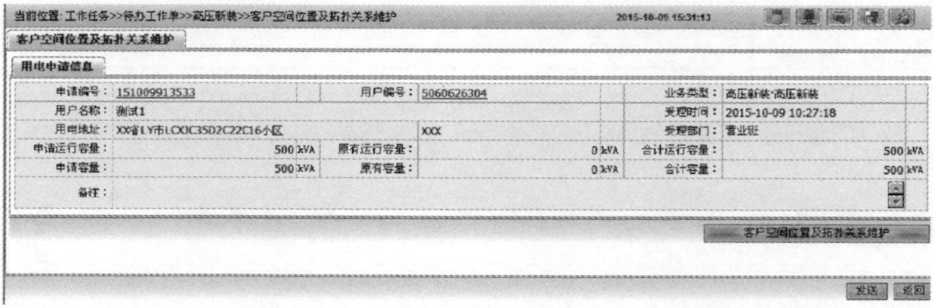

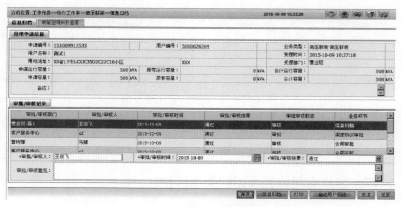

图 3-54　客户空间位置及拓扑关系维护界面

3. 28　信息归档

登录系统，单击"工作任务/待办工作单"，选择处理该工作单。根据实际情况输入审批人、审批日期、审批结果、审批意见等，单击【保存】按钮，系统显示所有审批意见。单击【信息归档】按钮，提示框显示该流程信息归档成功，如图 3-55、图 3-56 所示。单击【发送】按钮，发送到下一环节。

图 3-55　信息归档界面

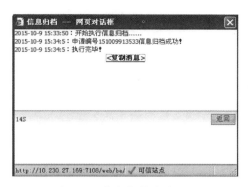

图 3-56 信息归档成功界面

3.29 资料归档

登录系统，单击"工作任务/待办工作单"，选择处理该工作单。根据资料存放的位置，录入档案号、盒号、柜号、归档人员、归档日期等信息，单击【保存】按钮，如图 3-57 所示。单击【发送】按钮，提示框显示该流程已经结束，如图 3-58 所示。

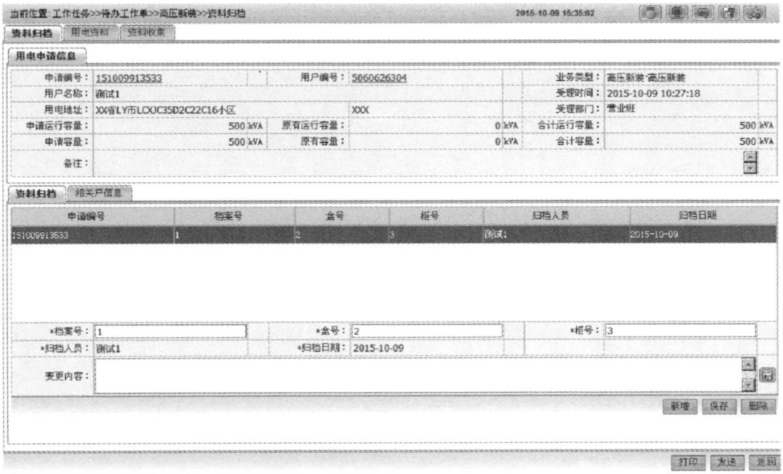

图 3-57 资料归档界面

图 3-58　流程结束界面

4 作业风险控制

4.1 业扩报装工作全过程防人身事故措施

4.1.1 严格落实安全责任

按照"谁主管、谁负责"、"谁组织、谁负责"、"谁实施、谁负责"的原则，进一步明确发策、安全、营销、生产、基建、调度等相关部门在业扩报装工作中的安全职责；按照人员、时间、力量"三个百分之百"的要求，抓基础、抓基层、抓基本功，严肃安全纪律，强化安全责任制落实。

4.1.2 严格业扩报装组织管理

客户服务中心应加强业扩报装统筹协调，负责统一组织相关部门到客户现场开展方案勘查、受电工程中间检查、受电工程竣工检验、装表、接电等工作。要加强作业计划编制和刚性执行，减少和避免重复、临时工作。要严格执行公司统一的业扩报装流程，确保施工、验收、接电环节有序衔接，严禁不按规定程序私自接电。要建立客户停送电联系制度，严格执行现场送电程序，对高压供电客户侧第一断开点设备进行操作（工作），必须经调度或运行维护单位许可。

4.1.3 严格执行工作票（单）制度

在高压供电客户的电气设备上作业必须填用工作票，在低压供电客户的电气设备上作业必须使用工作票或工作任务单（作业卡），并明确供电方现场工作负责人和应采取的安全措施，严禁无票（单）作业。客户电气工作票实行由供电方签发人和客户方签发人共同签发的"双签发"管理。供电方工作票签发人对工作的必要性和安全性、工作票上安全措施的正确性、所安排工作负责人和工作人员是否合适等内容负责。客户方工作票签发人对工作的必要性和安全性、工作票上安全措施的正确性等内容审核确认。

4.1.4　严格执行工作许可制度

在高压供电客户的主要受电设施上从事相关工作，实行供电方、客户方"双许可"制度，其中，客户方许可人由具备资质的电气工作人员许可，并对工作票中所列安全措施的正确性、完备性，现场安全措施的完善性以及现场停电设备有无突然来电的危险等内容负责。双方签字确认后方可开始工作。

4.1.5　严格执行工作监护制度

在客户电气设备上从事相关工作，现场工作负责人或专责监护人在作业前必须向全体作业人员统一进行现场安全交底，使所有作业人员做到"四清楚"，即作业任务清楚、现场危险点清楚、现场的作业程序清楚、应采取的安全措施清楚，并签字确认。在作业过程中必须认真履行监护职责，及时纠正不安全行为。

4.1.6　严格落实安全技术措施

在客户电气设备上从事相关工作，必须落实保证现场作业安全的技术措施（停电、验电、装设接地线、悬挂标识牌和安装遮栏等）。由客户方按工作票内容实施现场安全技术措施后，现场工作负责人与客户许可人共同检查并签字确认。现场作业班组要根据工作内容配备齐全验电器（笔）、接地线（短路线）等安全工器具并确保正确使用。

4.1.7 严格落实现场风险预控措施

依据《营销业扩报装工作全过程安全危险点辨识与预控手册（试行）》，根据工作内容和现场实际，认真做好现场风险点辨识与预控，重点防止走错间隔、误碰带电设备、高空坠落、电流互感器二次回路开路、电压互感器二次短路等，坚决杜绝不验电、不采取安全措施以及强制解锁、擅自操作客户设备等违章行为。要定期分析安全危险点并完善预控措施，确保其针对性和有效性。

4.1.8 严格执行个人安全防护措施

进入客户受电设施作业现场，所有人员必须正确佩戴安全帽、穿棉制工作服，正确使用合格的安全工器具和安全防护用品。

4.1.9 严格查处违章行为

建立健全营销反违章工作机制，以《安全生产典型违章100条》、《营销业扩报装工作全过程安全危险点辨识与预控手册（试行）》为重点，系统分析和查找营销业扩每项工作、每个岗位、每个环节的管理违章、行为违章、装置违章现象，坚持以"三铁"反"三违"，从严处罚，常抓不懈。

4.1.10 严格执行业扩报装标准规程

严格受电工程设计、施工、试验单位资质审查，遵循公司统一的技术导则及标准开展供电方案编制、受电工程设计审核及竣工检验等工作，防止客户受电设施带安全隐患接入电网。

4.1.11 加强业扩现场标准化作业管理

在勘查、受电工程中间检查及竣工检验、装表、接电等环节推行标准化作业，完善现场标准化作业流程，应用标准化作业卡并将危险点预控措施固化在作业卡中，实现业扩现场作业全过程的安全控制和质量控制，避免人的不安全行为、物的不安全状态、环境的不安全因素出现和失控。

4.1.12 加强安全学习培训

将提升业扩从业人员安全素质建设作为长期性、基础性工作，紧密结合业扩报装特点和营销员工在应用安全知识方面的薄弱点，采取合理有效的培训和考核方式，以学习安全规章制度为重点，结合专业实际开展案例教育、岗位培训，进一步提高营销人员安全意识、安全风险辨识能力和现场操作技能。

4.2 业扩报装工作全过程安全危险点辨识与预控

业扩报装工作全过程安全危险点与预控措施如表 4-1 所示。

表 4-1 业扩报装工作全过程安全危险点与预控措施

序号	业务环节	危险点	预控措施
1	业务受理	客户申请资料不完整或与实际不符，致后续环节存在安全隐患	受理环节严格按照《业扩报装工作规范》，全面收集客户信息。对于资料欠缺或不完整的，应告知客户先行补充完整后再报装

序号	业务环节	危险点	预控措施
2	现场勘查	（1）现场勘察工作，误碰带电设备造成人身伤亡； （2）误入运行设备区域、客户生产危险区域； （3）查看带电设备时，安全措施不到位，安全距离无法保证； （4）现场通道照明不足，基建工地易发生高空落物及碰伤、扎伤、摔伤等意外情况	（1）进入带电设备区现场勘察工作至少两人共同进行，实行现场监护。勘察人员应掌握带电设备的位置，与带电设备保持足够安全距离，注意不要误碰、误动、误登运行设备； （2）工作班成员应在客户电气工作人员的带领下进入工作现场，并在规定的工作范围内工作，清楚了解现场危险点、安全措施等情况； （3）进入带电设备区设专人监护，严格监督带电设备与周围设备及工作人员的安全距离，不得操作客户设备。对客户设备状态不明时，均视为运行设备； （4）进入客户设备运行区域，必须穿工作服、戴安全帽、携带必要照明器材。需攀登杆塔或梯子时，要落实防坠落措施，并在有效的监护下进行。不得在高空落物区通行或逗留
3	供电方案拟定与执行	（1）供电方案制定中存在缺陷和安全隐患； （2）擅自变更供电方案	（1）提高业扩勘察质量，严格审核客户用电需求、负荷特性、负荷重要性、生产特性、用电设备类型等，掌握客户用电规划；严格执行《供电营业规则》、《国家电网公司业扩供电方案编制导则》、《关于加强重要客户供电电源及自备应急电源配置监督管理的意见》等规定；供电企业内部要建立供电方案审查的相关制度，规范供电方案的审查工作； （2）供电方案出现变更。因客户原因造成变更的，应书面通知客户重新办理用电申请；因电网原因造成变更的，应与客户协商、重新确定供电方案后并书面答复客户

续表

序号	业务环节	危险点	预控措施
4	受电工程设计审查	（1）客户提供的受电工程设计资料和其他相关资料不全，设计单位资质不合规定； （2）供电企业审核人员审核错漏造成客户工程安全隐患； （3）设计不符合规范要求，存在装置性安全隐患； （4）电气设备防误操作措施缺失或不完整	（1）严格审核设计单位资质，审核客户受电工程设计文件和有关资料的完整性、准确性； （2）供电企业内部建立设计资料审核的相关制度，规范设计资料审核工作的内容； （3）严格按照国家、行业电气设计规范（标准），审查客户设计资料，杜绝装置性隐患； （4）客户电气主设备应具有完善的"五防"联锁功能，有效防止误操作，并配置带电或故障指示器。配电装置有倒送电源时，应装设有带电显示功能的强制闭锁
5	中间检查	（1）误碰带电设备触电；误入运行设备区域、客户生产危险区域触电； （2）现场通道照明不足，基建工地易发生高空落物、碰伤、扎伤、摔伤等意外； （3）现场安装设备与审核合格的设计图纸不符，私自改变接线方式或运行方式	（1）中间检查工作至少两人共同进行。要求客户方或施工方进行现场安全交底，做好相关安全技术措施，确认工作范围内的设备已停电、安全措施符合现场工作需要，明确设备带电与不带电部位、施工电源供电区域，不得随意触碰、操作现场设备，防止触电伤害； （2）进入客户设备运行区域，必须穿工作服、戴安全帽，携带必要照明器材。需攀登杆塔或梯子时，要落实防坠落措施，并在有效的监护下进行。不得在高空落物区通行或逗留； （3）客户工程中间检查的重点包括检查隐蔽工程质量、有无装置性违章问题、是否与审核合格的设计图纸相符、有无对电网安全影响的隐患。检查合格后才能进行后续工程施工。中间检查时发现的隐患，及时出具书面整改意见，督导客户落实整改措施，形成闭环管理

序号	业务环节	危险点	预控措施
6	竣工检验	（1）误碰带电设备触电；误入运行设备区域、客户生产危险区域触电； （2）客户竣工报验资料和手续不全； （3）多专业、多班组工作协调配合不到位出现组织措施、技术措施缺失或不完整； （4）客户工程未竣工检验或检验不合格即送电； （5）现场安装设备与审核合格的设计图纸不符，私自改变接线方式或运行方式； （6）现场通道照明不足，基建工地易发生高空落物、碰伤、扎伤、摔伤等意外	（1）竣工检验工作至少两人共同进行。要求客户方或施工方进行现场安全交底，做好相关安全技术措施，确认工作范围内的设备已停电、安全措施符合现场工作需要，明确设备带电与不带电部位、施工电源供电区域，竣工检验中工作人员不得擅自操作客户设备，确需操作的，也必须由客户专业人员进行； （2）严把报验资料关，报验资料不完整、施工单位资质不符要求等情况，不安排竣工检验； （3）涉及多专业、多班组参与的项目，由竣工检验现场负责人（客服中心）牵头，由各相关专业技术人员参加，成立检验小组。现场负责人对工作现场进行统一安全交底，明确职责，各专业负责落实相关安全措施和责任。现场负责人应做好现场协调工作。工作必须由客户方或施工方熟悉环境和电气设备的人员配合进行； （4）对未经检验或检验不合格已经接电的客户受电工程，必须立即采取停电措施，严肃处理有关责任人和责任单位，按照公司统一的业扩报装程序重新办理业扩报装竣工报验手续； （5）严格按照电气装置安装工程设计、施工和验收标准与规范进行检验，竣工检验时发现的隐患，及时出具书面整改意见，督导客户落实整改措施，形成闭环管理。复验合格后，方可安排投运工作； （6）在竣工检验工作中，必须穿工作服、戴安全帽、携带照明器材。需攀登杆塔或梯子时，要落实防坠落措施，并在有效的监护下进行。不得在高空落物区通行或逗留

续表

序号	业务环节	危险点	预控措施
7	客户设备投运	（1）多单位工作协调配合不到位，缺乏统一组织； （2）投运手续不完整，客户工程未竣工检验或检验不合格即送电； （3）工作现场清理不到位、临时措施未解除，未达到投运标准； （4）双电源及自备应急电源与电网电源之间切换装置不可靠	（1）35kV及以上业扩工程，应成立启动委员会，制定启动方案并按规定执行。35kV以下双电源、配有自备应急电源和客户设备部分运行的项目，应制定切实可行的投运启动方案。所有高压受电工程接电前，必须明确投运现场负责人，由现场负责人（客服中心）组织各相关专业技术人员参加，成立投运工作小组。由现场负责人组织开展安全交底和安全检查，明确职责，各专业分别落实相关安全措施并向负责人确认设备具备投运条件； （2）投运手续不完整的，必须补齐手续；对未经检验或检验不合格已经接电的客户受电工程，必须立即采取停电措施，严肃处理有关责任人和责任单位，按照公司统一的业扩报装程序重新办理业扩报装竣工报验手续； （3）投运工作必须有客户方或施工方熟悉环境和电气设备且具备相应资质人员配合进行。投运前，客户方电气负责人应认真检查设备状况及有无遗漏临时措施，确保现场清理到位，向现场负责人汇报并签字确认； （4）客户自备应急电源与电网电源之间必须正确装设切换装置和可靠的联锁装置，确保在任何情况下，不并网的自备应急电源均无法向电网倒送电
8	计量现场勘查	（1）设备未验收就投运造成新设备全部或部分带电； （2）通道照明不足，基建工地容易出现高空落物、碰伤、扎伤、摔伤等意外； （3）误入运行设备区域、客户生产危险区域，误碰带电设备触电	（1）严格履行客户设备送电程序，严禁新设备未验收擅自投运或带电； （2）必须穿工作服、戴安全帽、携带照明器材； （3）现场勘查必须有客户电工或现场施工人员陪同，要求客户进行现场安全交底，做好相关安全技术措施，掌握带电设备位置，不得操作客户设备，严防触电事故的发生

序号	业务环节	危险点	预控措施
9	现场安装低压电能表	（1）现场监护缺失或不到位； （2）计量箱未有效接地、设备漏电，打开计量箱体前未验电； （3）电钻操作使用不当造成机械伤害，工具外壳漏电或使用临时电源不当； （4）计量装置接线错误； （5）工作中相间短路，造成电弧灼伤	（1）计量现场作业至少两人同时进行。履行保障安全的技术措施，工作前验电、装设接地线，与带电设备保持足够的安全距离，将检修设备与运行设备前后以明显的标志隔开，附近有带电盘和带电部位，必须设专人监护。触摸金属计量箱前必须进行箱体验电； （2）金属计量箱外壳应确保有效接地，并用验电笔确认； （3）正确使用电动工具，遵守操作规程，电动工具外壳必须可靠接地，其所接电源必须装设漏电保护器。临时电源线绝缘良好，线径符合要求，加装漏电保护器； （4）工作中认清设备接线标识，严格按照规程进行安装，一人操作一人监护。工作完毕接电后要进行检查核验，确保接线正确； （5）作业前履行验电程序，对裸露线头进行包扎，检查设备接线正确性。在带电的情况，必须使用绝缘工具
10	现场安装高压电能表	（1）走错间隔、误碰带电设备； （2）电钻操作使用不当、容易造成机械伤害，外壳漏电造成人身触电，不正确使用临时电源造成人员触电或设备损坏； （3）计量箱未有效接地；	（1）计量现场作业至少两人同时进行。采取防止走错间隔措施，履行保障安全的技术措施，工作前验电、装设接地线，与带电设备保持足够的安全距离，将检修设备与运行设备前后以明显的标志隔开，附近有带电盘和带电部位，必须设专人监护。触摸金属计量箱前必须进行箱体验电； （2）金属计量箱外壳应确保有效接地； （3）正确使用电动工具，遵守操作规程，电动工具外壳必须可靠接地，其所接电源必须装设漏电保护器。临时电源线绝缘良好，线径符合要求，加装漏电保护器；

续表

序号	业务环节	危险点	预控措施
10	现场安装高压电能表	（4）计量装置接线错误； （5）登高作业，发生坠落、落物	（4）工作中认清设备接线标识，严格按照规程进行安装，一人操作，另一人监护，工作完毕接电后要进行检查检验，确保接线正确； （5）登高作业穿软底绝缘鞋，正确使用工具包和合格的登高工具，并应有专人监护。高处工作应使用工具袋，工具、器材上下传递应用绳索拴牢传递，严禁抛掷物品，严禁工作人员站在工作处的垂直下方

4.3　营销业务应用系统考核时限

4.3.1　各节点时限标准

（1）供电方案答复期限：居民客户不超过 2 个工作日；低压电力客户不超过 2 个工作日；高压单电源客户不超过 15 个工作日；高压双电源客户不超过 20 个工作日。

（2）设计审核期限：低压供电客户不超过 3 个工作日，高压供电客户不超过 5 个工作日。

（3）中间检查期限：高压供电客户不超过 5 个工作日。

（4）竣工检验期限：低压供电客户不超过 3 个工作日，高压供电客户不超过 5 个工作日。

（5）装表接电期限：低压非居民客户不超过 3 个工作日，高压客户不超过 5 个工作日。

（6）总时限考核：低压居民业务受理开始时间到安装信息录入完成时间不超过 3 个工作日；低压非居民若不存在外线工程，从业务受理开始时间到安装信息录入完成时间不超过 4 个工作日，若存在外线工程，从业务受理开始时间到安装信息录入完成时间不超过 8 个工作日。

4.3.2　统计规则

（1）新装、增容业扩流程。包括高压新装、高压增容、低压非居民新装、低压居民新装、低压非居民增容、低压居民增容、装表临时用电（不含无表临时用电新装、低压批量新装、小区新装）。中止的工单不参加考核。用电类别为考核（000）的申请用户，不参加考核。

（2）各流程节点考核时限说明。如果工单存在多次回退的情况，考核节点结束时间取最后一次的完成时间。

1）供电方案答复。开始时间：取业务受理环节的开始时间；结束时间：取供电方案答复环节的完成时间。

2）设计审核。开始时间：取设计报审环节的完成时间；结束时间：取设计审核环节的完成时间。出现多次设计审核情况，取时间跨度最大的一次。

3）中间检查。开始时间：取中间检查受理环节的完成时间；结束时间：取中间检查的完成时间。

4）竣工检验。开始时间：取竣工报验环节的完成时间；结束时间：取竣工验收的完成时间。出现多次竣工检验情况，取时间跨度最大的一次。

5）装表接电。如果存在送（停）电管理环节，开始时间：取最后一次的竣工验收的完成时间、最后一次业务费收取时间、配表（备表）和合同签订完成时间这四者的最大值；结束时间：取送（停）电管理环节的完成时间。如果不存在送（停）电管理环节，开始时间：取最后一次的竣工验收的完成时间、最后一次业务费收取时间、配表（备表）完成时间和合同签订完成时间这四者的最大值；结束时间：取最后一次安装信息录入的完成时间。

4.3.3　分布式电源受理考核时限

分布式电源受理考核时限以 SG186 营销业务系统中的数据为基础数据源，按月提取已归档的新装、增容业务的答复受理考核、设计文件审查时限、装表及合同签订工作时限、并网验收考核时限四个流程节点，四个业务环节时限均达标的业务为业扩报装服务时限达标业务。

（1）答复受理考核时限：从业务受理开始到答复接入方案完成后第一类 40 个工作日（其中分布式光伏发电单点并网项目 20 个工作日，多点并网项目 30 个工作日）。

（2）设计审核期限：自受理设计审查申请之日起到答复审查意见完成 10 个工作日。

（3）装表及合同签订工作时限（竣工验收）：自受理并网验收申请之日起到安装信息录入或合同签订完成或组织并网验收与调试的最后时间为 10 个工作日，其中第一类 0.22/0.38 千伏项目 5 个工作日。

（4）并网验收考核时限：自完成安装信息录入或合同签订完成或组织并网验收与调试的最后时间后，到组织并网环节 10 个工作日，其中第一类 0.22/0.38 千伏项目 5 个工作日。

5 管 理 红 线

（1）业务受理阶段。严禁借业扩受限区域为名，私自决定报装项目或项目是否退出；严禁擅自泄露企业内部保密事项，并将其作为牟取私利的条件。严禁收取所谓业务咨询费等不廉洁行为。

（2）供电方案编制及答复阶段。严禁以各种理由推诿，不积极配合现场勘查以谋取私利。严禁在业扩报装受限区域，利用供用双方对业扩报装信息了解不对称，故意隐瞒报装信息或以提供所谓内幕信息为名收受客户好处。严禁随意变更供电方案，以降低客户投资费用之名谋取私利。

（3）工程建设阶段。严禁随意变更设计图纸，以降低客户投资费用之名谋取私利。严禁在设计审核、中间检查、变更单传递环节故意刁难客户以谋求私利。严禁私自设定图纸审核、中间检查标准。

（4）验收送电阶段。严禁私自设定竣工检验标准。严禁在竣工检验、接火送电环节故意拖延、刁难客户以谋求私利。严禁私自更改计量装置而发生不廉洁的行为。

1. 业扩报装工作包括哪些内容?

答:业扩报装工作包括客户新装、增容和增设电源的用电业务受理;根据客户和电网的情况,提出并确定供电方案;答复客户并收取业务费用;受(送)电工程设计的审核;受(送)电工程的中间检查及竣工检验;签订供用电合同;装设电能计量装置、办理接电事宜;资料存档等内容。

2. 什么是新装用电、增容用电?

答:新装用电指客户因用电需要初次向供电企业申请报装用电。

增容用电指客户因增加用电设备向供电企业申请增加用电容量的用电业务。

3. 对供电有特殊要求以及申报多电源的客户,申请报装用电前应做哪些工作?

答:对供电有特殊要求以及申报多电源的客户,应先与供电企业有关部门协商,或经有关权威咨询机构就供电可行性等问题进行论证,达成意向性协议后,再申请报装用电。

4. 什么是受电装置?

答:受电装置是指接受供电网供给的电力,并能对电力进行有效变换、分配和控制的电气设备，如高压客户的一次变电站（所）或变压器台、开关站，低压客户的配电室、配电屏等。客户在同一地点设有多个受电装置，但其内部电气设施之间存在电气联络的，视为同一受电装置；客户在同一地点有多个受电装置，且不同受电装置受电后彼此之间不存在电气联络的，视为不同受电装置。

5. 业扩报装的业务范围有哪些？

答：业扩报装的业务范围有：新装、增容变压器容量用电；新装、增容低压电力负荷用电；新装、增容照明负荷用电；申请临时用电；申请双电源用电（含多电源用电）；申请高压电机、自备电厂用电等。

6. 客户申请的用电项目为政府规定限制类的项目时，供电企业能否受理客户新装增容用电业务？

答：客户申请的用电项目为政府规定限制类的项目时，供电企业不能受理该客户新装增容用电业务。

7. 现场勘查的主要内容是什么？

答：现场勘查的主要内容包括：审核客户的用电需求；确定客户用电容量、用电性质及负荷特性；初步确定供电电源（单电源或多电源）、上一电压等级的电源位置、供电电压、供电线路、计量方案、计费方案及经营范围是否与客户提供的相关资质相符。现场勘查结果应在勘查单上记录。

8. 供电方案由哪几部分组成?

答：供电方案包含客户用电申请概况、接入系统方案、受电系统方案、计量计费方案、其他事项五部分内容。

9. 答复客户的供电方案在有效期内遇到情况变化应如何处理?

答：答复客户的供电方案在有效期内遇到情况变化，应主动与客户沟通协商，合理调整，重新确定后书面答复客户。

10. 高压客户供电容量如何计算?

答：高压客户供电容量是按正常情况下同级供电电压运行变压器、热备用变压器、站用变压器和未接入变压器内的高压电动机铭牌容量的总和计算。

11. 未经供电企业审核同意的设计资料，供电企业应如何处理?

答：客户受电工程的设计资料，未经供电企业审核同意，客户不得据以施工，否则供电企业将不予检验和接电。

12. 设计时，对无功补偿装置有何要求? 客户功率因数达不到规定时，供电企业是否可以接电?

答：无功补偿设备要按照有关标准进行设计，并做到随其负荷和电压的变化随时投、切，防止无功电力倒送，做到无功电力就地平衡。

凡功率因数达不到规定的客户，供电企业可不予接电。

13. 什么是供电工程？什么是受电工程？

答： 供电工程也称客户外部工程，是指电力客户办理新装、增容、变更用电而引起属于供电企业产权的输、变、配电设备新建或改建的工程。

受电工程也称为客户内部工程，是指因电力客户办理新装、增容、变更用电而引起属于客户产权的输、变、配电设备新建或改建的工程。

14. 供用电合同争议的解决方式有哪几种？

答： 供用电合同争议的解决方式有四种：协商、调解、仲裁、诉讼。供用电双方在合同中可就争议解决方式及管辖机构或管辖地予以规定。

15. 如何划分供用电合同？

答： 依据供电企业的业务习惯，根据不同的用电方式和用电需求，将供用电合同分为六类，包括高压供用电合同、低压供用电合同、临时供用电合同、趸购电合同、委托转供电合同和居民供用电合同。

16. 计量倍率指什么？

答： 计量倍率指间接式计量电能表所配电流互感器、电压互感器变比的乘积。

17. 什么是紧急避险？

答：紧急避险指电网发生事故或者发电、供电设备发生重大事故，电网频率或者电压超出规定范围、输变电设备负载超过规定值、主干线路功率值超出规定的稳定限额以及其他威胁电网安全运行，有可能破坏电网稳定，导致电网瓦解以至大面积停电等运行情况时，供电人采取的避险措施。

18. 低压客户装表接电前应做哪些准备工作？

答：低压客户装表接电前首先应由计量人员按报装容量配置表计，并进行现场安装；其次由用电检查人员对客户用电设备进行检查，确认客户安装的用电设备与报装设备相符，并装接正确，低压配电室清扫干净，安全工器具、消防器材配备齐全；最后由供电部门现场负责人下令送电。

19. 选择电能表容量时，应按哪几个步骤进行？

答：选择电能表容量时，应按三个步骤进行：①计算负荷电流；②确定计量方式；③选择电能表的容量和型号。

20. 如何确定客户的计量方式？

答：高压供电客户的计量方式宜采用高供高计方式；但对 10 千伏供电且容量在 315 千伏安及以下、35 千伏供电且容量在 500 千伏安及以下的，高压侧计量确有困难的，可在低压侧计量，即采用高供低计方式。低压供电客户的计量方式采用低供低计方式。

附录 1

名　词　解　释

1. 分时电价

（1）峰谷分时电价范围。大工业用户（除电气化铁路用电外）和用电容量 100 千伏安及以上的非普工业，实行峰谷分时电价。一般工商业及其他用电中的原商业和非居民照明用电是否执行峰谷分时政策由用户选择。

（2）峰谷时段划分。尖峰时段：18：00～22：00；高峰时段：8：00～12：00；低谷时段：0：00～8：00；平段：12：00～18：00，22：00～24：00。

（3）分时用户销售电价。

尖峰电价＝目录电价×1.77（合成氨、5 万 t 以上电解铝、氧化铝、3 万 t 以上氯碱生产用电按 1.5）；

高峰电价＝目录电价×1.57；

低谷电价＝目录电价×0.5；

平段电价＝目录电价。

2. 主供电源

主供电源指能够正常有效且连续为全部用电负荷提供电力的电源。

3. 备用电源

备用电源指根据客户在安全、业务和生产上对供电可靠性的实际需求，在主供电源发生故障或断电时，能够有效且连续为全部或部分负荷提供电力的电源。

4. 自备应急电源

自备应急电源指由客户自行配备的，在正常供电电源全部发生中断的情况下，能够至少满足对客户保安负荷不间断供电的独立电源。

5. 双回路

双回路指为同一用电负荷供电的两回供电线路。

6. 双电源

双电源指由两个独立的供电线路向同一个用电负荷实施的供电。这两条供电线路是由两个电源供电，即由来自两个不同方向的变电站或来自具有两回及以上进线的同一变电站内两段不同母线分别提供的电源。

7. 保安负荷

保安负荷指用于保障用电场所人身与财产安全所需的电力负荷。一般认为，断电后会造成下列后果之一的，为保安负荷：①直接引发人身伤亡的；②使有毒、有害物溢出，造成环境大面积污染的；③将引起爆炸或火灾的；④将引起重大生产设备损坏的；⑤将引起较大范围社会秩序混乱或在政治上产生严重影响的。

8. 临时供电

基建施工、市政建设、抗旱打井、防汛排涝、抢险救灾、集会演出等非永久性用电，可实施临时供电。具体供电电压等级取决于用电容量和当地的供电条件。

9. 电气主接线的主要型式

电气主接线的主要型式包括：桥形接线、单母线、单母线分段、双母线、线路变压器组。

10. 重要客户运行方式

特级重要客户可采用两路运行、一路热备用运行方式。

一级客户可采用以下运行方式：两回及以上进线同时运行互为备用；一回进线主供、另一回路热备用。

二级客户可采用以下运行方式：两回及以上进线同时运行；一回进线主供、另一回路冷备用。

不允许出现高压侧合环运行的方式。

11. 分布式电源

分布式电源是指在用户所在场地或附近建设安装，运行方式以用户侧自发自用为主、多余电量上网，且在配电网系统平衡调节为特征的发电设施或有电力输出的能量综合梯级利用多联供设施。包括太阳能、天然气、生物质能、风能、地热能、海洋能、资源综合利用发电（含煤矿瓦斯发电）等。

公司分布式电源相关管理规则适用于以下两种类型分布式电源（不含小水电）：①10千伏及以下电压等级接入，且单个并网点总装机容量不超过6兆瓦的分布式电源。②35千伏电压等级接入，年自发自用电量大于50％的分布式电源；或10千伏电压等级接入且单个并网点总装机容量超过6兆瓦，年自发自用电量大于50％的分布式电源。

12. 孤岛

公共电网失压时，电源仍保持对用户电网中的某一部分线路继续供电的状态，称为孤岛。孤岛现象可分为非计划性孤岛现象和计划性孤岛现象。非计划性孤岛现象，即非计划、不受控地发生孤岛现象；计划性孤岛现象，即按预先设置的控制策略，有计划地发生孤岛现象。

13. 反孤岛装置

反孤岛装置是一种可向分布式电源并网点主动注入电压或频率扰动信号的专用安全保障设备，以消除逆变器设备自身防孤岛检测失效带来的安全隐患。

14. 防孤岛保护条件

分布式电源接入系统防孤岛保护应满足以下两个条件：①变流器必须具备快速检测孤岛且检测到孤岛后立即断开与电网连接的能力，其防孤岛保护方案应与继电保护配置、频率电压异常紧急控制装置配置和低电压穿越等相配合。②接入 35/10 千伏系统的变流器类型分布式电源应同时配置防孤岛保护装置，同步电机、感应电机类型分布式电源，无需专门设置防孤岛保护，分布式电源切除时间应与线路保护、重合闸、备自投等配合，以避免非同期合闸。

15. 电动汽车充换电设施

电动汽车充换电设施是与电动汽车发生电能交换的相关设施的总称，一般包括充电站、充换电站、电池配送中心、集中或分散布置的充电桩等。

16. 分布式电源补贴标准

"自发自用，余电上网"分布式光伏发电项目实行全电量补贴政策，电价补贴标准为 0.42 元/（千瓦·时）（含税，下同），通过可再生能源发展基金予以支付，由电网企业转付；分布式光伏发电系统自用有余上网的电量，由电网企业按照当地燃煤机组标杆上网电价（含脱硫脱硝除尘，含税，下同）收购。"全额上网"分布式光伏发电项目补助标准参照光伏电站相关政策规定执行。

根据财政部和国税总局印发《关于暂免征收部分小微企业增值税和营业税的通知》（财税〔2013〕52 号）和《关于进一步支持小微企业增值税和营业税政策的通知》（财税〔2014〕71 号）规定，自 2013 年 8 月 1 日起，对月销售额不超过 2 万元（自 2014 年 10 月 1 日起至 2015 年 12 月 31 日，月销售额上限调整至 3 万元）的小规模纳税人免征增值税。月销售额计算应包括上网电费和补助资金，不含增值税。具体免税操作按照各地税务部门有关规定执行。

符合免税条件的分布式光伏发电项目由所在地电网企业营销部门（客户服务中心）代开普通发票；符合小规模纳税人条件的分布式光伏发电项目须在所在地税务部门开具 3％税率的增值税发票；一般纳税人分布式光伏发电项目须开具 17％税率的增值税发票。各单位应加强与地方税务部门沟通，尽快取得代开普通发票资格。

17. 临时用电时间计算方法及收费依据

临时用电时间计算：从送电日起至拆表停电日止。临时用电期限一般不超过 3 年，并在合同中明确，逾期不办理延期或永久性正式用电手续的，应按规定程序终止供电。

临时接电费用征收依据和标准：征收依据为国家发展和改革委员会《关于停止收取供配电贴费有关问题的补充通知》（发改价格〔2003〕2279 号）第四条，临时用电的电力用户应与供电企业以合同方式约定临时用电期限并预交相应容量的临时接电费用。临时用电期限一般不超过 3 年。在合同约定期限内结束临时用电的，预交的临时接电费用全部退还用户；确需超过合同约定期限的，由双方另行约定。停止收取供（配）电贴费前申请临时用电的电力用户已预交贴费的退还问题，仍按原国家计委《印发〈关于调整供电标准和加强贴费管理的请示〉的通知》（计投资〔1993〕116 号）文件第 104 款规定执行。

征收标准依据《关于降低供电贴费标准等问题的通知》（豫价工字〔2000〕188 号）规定执行。

河南省电网销售电价表

用电分类	电压等级	电度电价 [元/(千瓦·时)]							基本电价	
		净电价	国家重大水利工程建设基金	城市公用事业附加费	可再生能源电价附加	大中型水库移民后期扶持资金	地方水库移民后期扶持资金	合计	最大需量 [元/(千瓦·月)]	变压器容量 [元/(千伏安·月)]
一、大工业用电										
(1) 一般大工业用电	1~10千伏	0.58006	0.01134	0.01	0.019	0.0083	0.0005	0.6292	28	20
	35~110千伏以下	0.56506	0.01134	0.01	0.019	0.0083	0.0005	0.6142	28	20
	110千伏	0.55006	0.01134	0.01	0.019	0.0083	0.0005	0.5992	28	20
	220千伏及以上	0.54206	0.01134	0.01	0.019	0.0083	0.0005	0.5912	28	20
(2) 电炉铁合金、电解烧碱、电炉钙镁磷肥、电石、电解铝黄磷生产用电	1~10千伏	0.56006	0.01134	0.01	0.019	0.0083	0.0005	0.6092	28	20
	35~110千伏以下	0.54506	0.01134	0.01	0.019	0.0083	0.0005	0.5942	28	20
	110千伏	0.53006	0.01134	0.01	0.019	0.0083	0.0005	0.5792	28	20
	220千伏及以上	0.52206	0.01134	0.01	0.019	0.0083	0.0005	0.5712	28	20

用电分类	电压等级	电度电价 [元/(千瓦·时)]							基本电价	
		净电价	国家重大水利工程建设基金	城市公用事业附加费	可再生能源电价附加	大中型水库移民后期扶持资金	地方水库移民后期扶持资金	合计	最大需量 [元/(千瓦·月)]	变压器容量 [元/(千安·月)]
(3) 采用离子膜法工艺的氯碱生产用电	1～10千伏	0.53606	0.01134	0.01	0.019	0.0083	0.0005	0.5852	28	20
	35～110千伏以下	0.52106	0.01134	0.01	0.019	0.0083	0.0005	0.5702	28	20
	110千伏	0.50606	0.01134	0.01	0.019	0.0083	0.0005	0.5552	28	20
	220千伏及以上	0.49806	0.01134	0.01	0.019	0.0083	0.0005	0.5472	28	20
二、一般工商业及其他用电										
一般工商业及其他用电	不满1千伏	0.72036	0.01134	0.01	0.019	0.0083	0.0005	0.76950		
	1～10千伏	0.68636	0.01134	0.01	0.019	0.0083	0.0005	0.73550		
	35～110千伏以下	0.65336	0.01134	0.01	0.019	0.0083	0.0005	0.70250		
三、农业生产用电										
(1) 一般农业生产用电	不满1千伏	0.47286	0.01134					0.4842		
	1～10千伏	0.46386	0.01134					0.4752		
	35～110千伏以下	0.45486	0.01134					0.4662		

续表

用电分类	电压等级	电度电价 [元/(千瓦·时)]							基本电价	
		净电价	国家重大水利工程建设基金	城市公用事业附加费	可再生能源电价附加	大中型水库移民后期扶持资金	地方水库移民后期扶持资金	合计	最大需量 [元/(千瓦·月)]	变压器容量 [元/(千伏安·月)]
(2) 农业深井及高扬程排灌用电	不满1千伏	0.45286	0.01134					0.4642		
	1~10千伏	0.44386	0.01134					0.4552		
	35~110千伏以下	0.43486	0.01134					0.4462		
四、居民生活用电										
(1) 直供一户一表居民生活用电一档电量	不满1千伏	0.52386	0.01134	0.015	0.001	0.0083	0.0005	0.5600		
	1~10千伏及以上	0.48486	0.01134	0.015	0.001	0.0083	0.0005	0.5210		
(2) 直供合表用户	不满1千伏	0.53186	0.01134	0.015	0.001	0.0083	0.0005	0.5680		
	1~10千伏及以上	0.49286	0.01134	0.015	0.001	0.0083	0.0005	0.5290		
(3) 趸售一户一表居民生活用电一档电量	不满1千伏	0.53886	0.01134	0.015	0.001	0.0083	0.0005	0.5600		
	1~10千伏及以上	0.47886	0.01134		0.001	0.0083	0.0005	0.5000		

续表

用电分类	电压等级	电度电价 [元/(千瓦·时)]							基本电价	
		净电价	国家重大水利工程建设基金	城市公用事业附加费	可再生能源电价附加	大中型水库移民后期扶持资金	地方水库移民后期扶持资金	合计	最大需量 [元/(千瓦·月)]	变压器容量 [元/(千伏安·月)]
(4) 趸售合表用户	不满1千伏	0.54686	0.01134		0.001	0.0083	0.0005	0.5680		
	1~10千伏及以上	0.48686	0.01134		0.001	0.0083	0.0005	0.5080		

注　1. 本表摘自《河南省发展和改革委员会关于2016年电价调整问题的通知》(豫发改价管〔2016〕741号)。
2. 农村低压各类用电按上表分类电价执行,其中含维管费,不征收城市公用事业附加费。
3. 一户一表居民生活用电二档,三档电价,在一档电价基础上每千瓦时分别提高5分钱和0.3元。
4. 执行大工业优待电价的用户须符合环保政策和产业政策。